하루 한 그릇 면역 습관

암도 이기는 장수 수프

건강하게 오래 살고 싶다면
하루 한 그릇 실천하세요

'건강하게 오래 살고 싶다'는 것은 많은 사람들의 바람입니다.

건강 장수를 위해서는 영양을 충분히 섭취할 수 있고, 몸에 부담이 적으며, 조리과정도 간단해서 꾸준히 실천할 수 있는 식사를 하는 것이 좋습니다. 그런 의미에서 의사로서 추천할 만한 것이 '수프'입니다.

이 책에서는 장수에 도움이 되는 된장국을 포함해 다양한 수프 레시피를 소개합니다. 수프는 좋은 점이 많이 있습니다.

- 채소는 가열하면 부피가 줄어들어 생채소보다 더 많은 양과 더 많은 종류를 섭취할 수 있다.
- 물에 녹아서 빠져나가는 영양소도 남김없이 섭취할 수 있다.
- 수프는 냉동 보관했다가 필요할 때 데워 먹을 수 있기 때문에 바쁜 사람들도 꾸준히 편리하게 먹을 수 있다.
- 질병 치료 중이거나 입맛이 없는 사람도 수프 같은 액체형 음식은 쉽게 넘길 수 있다.

수프가 우리 몸에 미치는 건강 효과는
다음과 같습니다.

· 장내 환경 개선
· 면역력 증진
· 고혈당 예방
· 생활습관병 예방 등

위에 열거한 것들은 건강하게 오래 살기 위해 중요한 것들입니다. 무엇보다 장수 수프에는 특별한 장점이 있습니다. 그것은 바로 암 발병 위험을 낮춘다는 것입니다.

지금은 2명 중 1명이 암에 걸리는 시대입니다. 한국인이나 일본인의 사망원인 1위는 암입니다. 암을 예방하는 것이야말로 건강하게 오래 사는 가장 확실한 길이라고 할 수 있습니다. '이 음식만 먹으면 암이 사라진다'는 기적의 식재료는 없지만, 암 예방에 도움이 되는 음식은 분명히 있습니다.

최근 암 연구가 활발해지면서 암 예방에 도움이 되는 음식이 무엇인지 조금씩 알려지기 시작했습니다. 사람과 쥐를 대상으로 한 연구를 통해 '항암작용'이 있는 다양한 식재료들이 과학적으로 인정받기 시작했습니다. 또한, 최근 연구에 따르면 암 환자가 어떤 음식을 먹느냐에 따라 치료 효과와 생존율이 달라질 수 있다는 사실도 밝혀졌습니다.

무엇을 먹는가 하는 것은 암 예방은 물론 암 환자의 수명 연장과도 관련이 있다는 것입니다.

식사의 질이 암 환자의 사망률을 바꾼다

아래의 표는 2018년 일본에서 1,191명의 암 환자를 대상으로 식습관을 조사한 연구 결과입니다.

표를 보면 위쪽 선이 질이 낮은 식사를 한 암 환자 집단이고, 아래쪽 선이 질이 높은 식사를 한 암 환자 집단입니다. 선이 위로 갈수록 사망률이 높아지는 것을 알 수 있습니다.

약 20년에 걸친 연구 결과 식사의 질에 따라 사망률이 2배 가까이 차이가 난다는 것이 밝혀졌습니다.

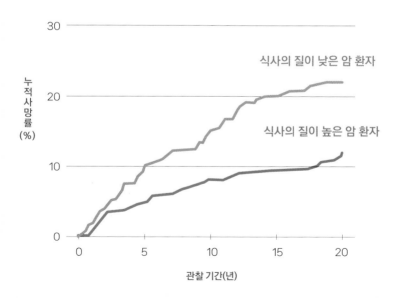

실제 저의 병원을 찾은 환자 중에 이 책에서 소개하고 있는 식사법을 날마다 실천해서 암 진행을 억제하고 건강하게 오래 살고 있는 여성이 있습니다.

그녀는 8년 전 췌장암 판정을 받아 수술했는데, 그로부터 2년쯤 후 안타깝게도 병이 재발했습니다. 하지만 식사의 질을 개선하고 꾸준히 실천한 결과, 별다른 합병증 없이 82세가 된 지금까지 건강하게 잘 지내고 있습니다. 물론 건강을 유지하는 원인은 식사뿐만은 아니지만, 매일의 식습관이 좋은 영향을 미치고 있는 것은 틀림없습니다.

환자 투병 일지

2015년 (74세)	췌장암 3기 판정 수술로 췌장 절반 이상 절제
2017년 (76세)	췌장암 재발 항암 치료를 시작했지만 부작용에 시달림
2018년 (77세)	항암 치료 중단
2023년 (82세)	지금까지 암 진행 없음

매일 아침 건더기 듬뿍 넣은 된장국 먹기 시작

이 책에서는 항암효과가 있는 10가지 식품을 선별했습니다. 이 식품들은 모두 마트에서 쉽게 구할 수 있는 것들입니다. 비싸고 진귀한 식품이라고 효과가 더 좋은 것은 아닙니다. 병을 물리치는 데 특별한 식품은 필요하지 않습니다.

이 책에서는 항암효과가 있는 10가지 식품 중 2가지 이상의 재료를 사용한 수프 56가지를 소개합니다. 맛있고 조리법도 다양해서 질리지 않고 즐길 수 있습니다. 경제적으로 부담이 적고, 만들기 간편해서 매일 꾸준히 먹을 수 있는 음식. 먹는 즐거움까지 누릴 수 있는 최고의 건강식이 바로 이 책에서 소개하는 장수 수프입니다.

식사는 매일 하는 것이므로, 오랜 시간이 지나면 그 차이가 확실히 드러납니다. 암 위험을 조금이라도 줄이고 싶거나, 건강하게 오래 살고 싶은 사람이라면 하루 한 그릇씩 꾸준히 실천해 보시기 바랍니다.

장수 수프 **3**가지 포인트

1 추천하는 항암 식재료가 2가지 이상 들어간 수프를

2 식사할 때 맨 먼저 먹되

3 하루 한 그릇씩 꾸준히 먹는다.

암도 이길 수 있는 장수 수프
건강 효과는 바로 여기에 있다!

암세포의 영양 공급을 차단한다

우리 몸은 필요할 때 새로운 혈관을 만들어내는데, 암세포는 이를 이용해 영양분을 공급받고 증식합니다. 그런데 콩에 함유된 이소플라본 같은 성분은 암세포가 새로운 혈관을 만드는 것을 억제하는 능력이 있어 암세포의 성장을 막는 효과가 있습니다.

항산화 작용으로 암세포의 증식을 억제한다

채소와 버섯류에 함유된 항산화 물질은 손상된 세포를 제거하고 암세포의 증식을 억제해서 암을 예방하는 효과가 있습니다.

항염 작용으로 세포가 암으로 변하는 것을 막는다

등 푸른 생선에 함유된 오메가-3 지방산과 마늘에 함유된 황화알릴 등에는 세포를 암으로 변하게 하는 염증 반응을 억제하는 기능이 있습니다.

세포에 염증이 생기면 암으로 되기 쉽습니다. 등 푸른 생선에 함유된 오메가-3

지방산과 마늘에 함유된 황화알릴 등에는 세포를 암으로 변하게 하는 염증을 억제하는 기능이 있습니다.

면역력을 높여 질병에 걸리지 않는 몸으로 만들어준다

버섯류에 함유된 베타글루칸 성분이 면역력을 높여주고 암과 감염병을 비롯한 다양한 질병으로부터 건강을 지켜줍니다. 면역력은 건강 장수를 위한 필수 조건입니다.

장내 환경을 개선해 건강 수명을 연장한다

채소에 함유된 식이섬유는 장내 환경을 개선해 줍니다. 장내 환경이 좋아지면 암 면역제의 효과가 높아지고 비만 예방 등 다양한 건강 효과가 나타납니다.

고혈당을 예방하고 건강하게 오래 산다

식사할 때 수프를 맨 먼저 먹으면 혈당치의 상승이 완만해져서 당뇨병 예방 효과가 나타납니다. 당뇨병은 암뿐만 아니라 치매 등의 발병 위험도 높입니다. 건강하게 오래 살려면 고혈당을 예방하는 것도 중요합니다.

만병의 근원인 생활습관병을 예방할 수 있다

생활습관병은 만병의 근원이며 관리를 잘못하면 목숨이 위태롭기도 합니다. 등 푸른 생선에 함유된 오메가-3 지방산이 콜레스테롤 수치를 개선하는 등 생활습관병 예방에 도움을 줍니다.

Contents

제**4**장 장수 수프 레시피

▌**엄선!** 2가지 재료로 만드는 수프

제 **1** 장

암 위험을 줄이는 항암 식품 10가지

최신 연구로 밝혀진 암 예방과 장수에 좋은 식재료를 소개합니다.
각각의 식재료의 효능도 자세히 설명했으니 식단을 짤 때 참고해 보세요.

암 전문의가 제안하는
암 위험을 확실히 줄여주는 식사

저는 환자들에게 새로운 정보를 제공하거나 블로그, 유튜브에 유용한 정보를 업데이트하기 위해 전 세계에서 발표되는 암에 관한 최신 연구를 거의 매일 인터넷으로 체크하고 있습니다.

세계 각지에서 암과 관련된 다양한 연구가 진행되고 있으며, 특히 최근에는 식습관과 암의 관계를 밝히는 연구가 활발하게 이루어지고 있습니다. 그 결과, 암 예방에 도움이 되는 여러 가지 식품이 밝혀지고 있습니다.

암 예방에 효과적인 대표적인 식품은 다음과 같습니다.

- 항산화 작용이 있는 십자화과 채소
- 항염 작용이 있는 등 푸른 생선
- 암세포 성장 억제 작용이 있는 콩과 마늘
- 항종양 작용이 있는 해조류

암을 단번에 없애주는 기적의 음식은 없지만, 암 예방에 다양한 방식으로 도움을 주는 식품은 분명히 있습니다. 이런 식재료들을 매일 균형 있게 식사에 활

용하면 암 위험을 줄이는 데 확실한 효과를 볼 수 있습니다.

　여기에 항암작용을 인정받은 엄선된 10가지 식재료를 소개합니다. 잘 기억해 두었다가 식생활에 활용해 보시기 바랍니다.

　한 가지 알아두어야 할 것은, 암 위험을 낮추기 위해 섭취하면 도움이 되는 식재료가 있는 반면, 반대로 암 위험을 높이기 때문에 피해야 할 식재료도 있다는 점입니다.

　아울러 건강을 위해 수프뿐만 아니라 밥 등 주식이나 메인 반찬을 먹는 방법도 소개합니다. 먹는 시간에도 주의할 점이 있습니다.

　이 같은 내용은 제3장에서 소개하고 있으니 함께 실천해 보시기 바랍니다.

최고의 항암 채소

양배추

저도 양배추를 신경써서 먹고 있어요!

설포라판이 풍부한 대표적인 십자화과 채소

4개의 꽃잎이 십자 형태를 보여주는 채소를 십자화과 채소라고 합니다. 양배추나 미니양배추 같은 십자화과 채소에는 유해물질로부터 스스로를 보호하기 위해 만들어내는 파이토케미컬이 풍부하게 함유되어 있습니다. 파이토케미컬의 일종인 설포라판에는 강력한 항산화 작용이 있어 암 증식과 전이를 억제하는 데 도움이 됩니다.

9만 명을 대상으로 한 연구에서는 십자화과 채소를 가장 많이 섭취한 그룹의 남성은 가장 적게 섭취한 그룹보다 암 사망 위험이 16% 낮았고, 기타 질환 사망률도 남성은 14%, 여성은 11% 낮아졌습니다.

사계절 쉽게 구할 수 있고 조리방법도 간단한 양배추는 가장 친근한 항암 식재료입니다.

제철

사계절 판매되고 있지만, 봄 양배추는 3~5월경, 겨울 양배추는 1~3월경이 특히 제철입니다.

고르는 방법

겉잎이 싱싱하고 속이 꽉 차 있는 것, 손으로 들었을 때 묵직한 것이 좋습니다.

보관 방법

종이타월에 물을 뿌려서 양배추를 감싸준 후 비닐봉지에 넣어 냉장 보관합니다. 2~3주까지 신선도를 유지할 수 있습니다.

02

암세포 증식을 억제

브로콜리

브로콜리는 거의 매일 먹고 있어요!

강력한 항산화 작용으로 폐암·유방암 예방

브로콜리는 강력한 항산화 작용을 가진 십자화과 채소입니다. 특히 브로콜리 새싹은 어떤 식품보다 많은 설포라판을 함유하고 있어 최고의 항암 채소로 주목을 받고 있습니다. 브로콜리 새싹 100g당 설포라판이 1,000~2,000mg이나 들어있습니다.

담배를 피우지 않는 남성을 대상으로 한 연구에서는 십자화과 채소의 섭취량이 많은 사람일수록 폐암에 걸리는 확률이 낮다는 결과가 나와 있고, 또 폐경 전 여성의 경우 십자화과 채소의 섭취량이 많을수록 유방암에 걸리는 확률이 낮다고 보고되어 있습니다.

생채소로, 또는 냉동한 것이라고 하더라도 브로콜리를 늘 집에 준비해 두는 것이 좋습니다.

제철

사계절 볼 수 있지만, 11월부터 3월경까지가 제철입니다. 요즘 브로콜리는 비닐하우스에서 생산되기 때문에 제철이 따로 없습니다.

고르는 방법

브로콜리는 전체적으로 초록색이 짙고 송이가 빽빽하고 단단하며 탄력이 있는 것을 추천합니다. 연두색으로 누렇게 변질된 것은 싱싱하지 않은 것입니다.

보관 방법

저온에서 보관하는 것이 가장 좋습니다. 종이타월로 싸서 비닐봉지에 넣어 반드시 냉장고에 보관해야 합니다.

효과 뛰어난 항종양 식품

양파

햇양파는 샐러드로 먹어도 맛있어요!

암, 생활습관병에 효과적인 퀘르세틴이 풍부

양파를 비롯한 알륨 채소는 탁월한 항암작용이 있습니다. 파이토케미컬의 일종으로 강력한 항산화 작용이 있는 퀘르세틴이 풍부해 암 외에도 동맥경화를 예방하고 혈당과 콜레스테롤 수치를 낮추는 효과도 기대할 수 있습니다.

특히 췌장암에 효과가 있는 것이 연구 조사로 밝혀졌습니다. 췌장암에 걸린 쥐에게 퀘르세틴을 투여하는 실험을 한 결과, 암세포의 증식이 억제되었습니다.

나아가 다른 실험에서도 양파 속 물질인 오니오닌 A(onionin A, ONA)가 난소암에 대해 항종양 효과가 있다는 것이 확인되는 등 다양한 종류의 암에 대한 효과를 인정받고 있습니다.

제철
사계절 볼 수 있지만, 햇양파는 3월부터 4월경 출하됩니다.

고르는 방법
양파는 겉이 축축하면 속이 썩기 쉽습니다. 겉껍질이 바짝 말라 있고 끝부분이 단단하고 탄력이 있는 것을 선택해야 합니다.

보관 방법
망에 넣어 시원하고 통풍이 잘되는 곳에 매달아 두는 것이 가장 좋습니다. 햇양파의 경우 상하기 쉬우므로 냉장고 채소칸에 보관합니다.

알릴 성분이 암을 이중으로 억제

마늘

평소 반찬에 적극 활용하세요.

미국 국립암연구소 추천, '암 예방에 효과 있는 식품' 1위

알륨 채소를 대표하는 마늘에는 항산화 작용과 항염증 작용이 있는 성분이 풍부하게 함유되어 있습니다.

중국에서 실시한 비교 실험에서 마늘이 들어간 건강기능식품을 섭취한 결과 위암 사망 위험이 34% 낮아진 것으로 나타났습니다. 대장암과 마늘에 관한 여러 연구를 분석, 정리한 보고서에서도 마늘을 많이 섭취하는 사람은 대장암 위험이 25% 줄어든 것으로 밝혀졌습니다. 이 같은 자료로 볼 때 마늘은 위암이나 대장암 등 소화기관 암에 특히 효과가 있다고 판단할 수 있습니다.

또한, 마늘은 미국 국립암연구소가 '암 예방에 효과가 있는 식품'으로 발표한 식품군에서 1위를 차지한 최고의 항암 식재료입니다. 매일 조금씩이라도 꼭 섭취하세요.

제철
6월부터 8월경이 수확 시기지만, 적당히 건조된 것은 1년 내내 구할 수 있습니다.

고르는 방법
알이 크고 단단한 것을 추천합니다. 싹이 난 것이나 얇은 껍질이 갈색으로 변한 것은 피해야 합니다.

보관 방법
통풍이 잘되는 곳에 보관하면 수개월 간 신선함을 유지할 수 있습니다. 습기에 약하기 때문에 냉장고에 보관하는 것은 좋지 않습니다.

05

장내 환경 개선

콩(대두)

배변 활동을 돕기 위해 낫토를 꼭 챙겨 먹고 있어요!

암세포의 성장을 억제하는 효과가 있다

콩에 함유된 이소플라본은 여성의 뼈를 튼튼하게 하는 등 건강 효과와 더불어 암 예방 효과도 있습니다. 암세포는 혈관을 만들어내는 '혈관신생'이라는 기능을 활성화시켜서 성장하는데, 이소플라본의 일종인 제니스테인은 혈관신생을 억제하는 것으로 알려져 있습니다.

콩과 암 사망 위험에 관한 여러 연구를 분석한 논문에서 위암, 대장암, 난소암의 사망 위험이 50% 내외 감소한 것으로 발표했습니다.

된장과 낫토 등 발효한 콩 식품은 유익균이 풍부해서 장내 환경을 개선하며, 이 때문에 면역력을 높여줍니다. 암 예방을 위해서나 건강 장수를 위해서 콩은 꼭 섭취해야 할 식재료입니다.

제철

콩의 수확 시기는 10월경이지만, 된장과 두부, 낫토 같은 콩 가공식품은 일년 내내 구할 수 있습니다.

고르는 방법

쪼그라들거나 벌레 먹지 않은 것을 고릅니다. 겉껍질이 일어난 것도 오래되었거나 보관 방법이 좋지 않은 것이므로 피해야 합니다. 되도록 그해 수확한 것을 구입합니다.

보관 방법

마른 콩의 경우 직사광선을 피해 습기가 없는 곳에서 보관합니다. 가공식품의 경우 제품 포장에 기재되어 있는 기준에 따라 보관합니다.

항암 식재료

암 예방과 장수에 최고

버섯

버섯은 국물에 구수한 맛이 우러나서 맛있어요.

면역력을 높여주는 베타글루칸 작용이 활발

버섯류에 함유된 베타글루칸이라는 식이섬유는 면역력을 높여주는 기능이 있어 암을 비롯한 다양한 질병 예방에 효과가 있습니다.

버섯 섭취량과 암 발병률에 관한 여러 연구에서 버섯을 가장 많이 섭취하는 그룹은 암 위험이 34% 감소한 것으로 나타났습니다. 버섯을 많이 섭취할수록 암 위험이 낮아졌으며, 특히 위암과 유방암 예방에 효과가 있는 것으로 밝혀졌습니다. 버섯의 항암 효과는 분명하지만, 버섯류의 특정 성분이 함유된 건강기능식품에 대해서는 명확한 근거자료가 없으므로 버섯 자체를 섭취하는 것이 좋습니다.

시중에 다양한 종류의 버섯이 많이 나와 있는데, 어떤 버섯이든 다양하게 활용하는 것이 좋습니다.

제철

버섯은 가을의 대표적인 식재료이지만 비닐하우스에서 재배되는 것도 많기 때문에 사계절 언제든 쉽게 구할 수 있습니다.

고르는 방법

쪼그라들지 않고 싱싱한 것, 전반적으로 갓이 너무 피지 않은 것이나 기둥 부분이 단단한 것을 선택합니다.

보관 방법

종이타월에 싸서 비닐봉지에 넣어 냉장 보관합니다. 3~4일 이상 보관할 경우는 냉동 보관을 추천합니다.

07

생활습관병 위험 감소

등 푸른 생선

고등어 통조림은 간편해서 좋아요!

오메가-3 지방산의 항염증 작용이 암 예방 효과

고등어나 정어리와 같은 등 푸른 생선에는 우리 몸에 좋은 지질인 오메가-3 지방산이 풍부합니다. 오메가-3 지방산은 체내 염증을 억제하는 기능이 있어 암과 이상지질혈증 등 생활습관병의 위험을 낮추는 효과가 있습니다.

생선 섭취와 암의 관계에 관한 연구에서, 오메가-3 지방산 섭취량이 가장 많은 사람은 가장 적은 사람에 비해 유방암 위험은 14%, 폐암은 21%, 췌장암은 30% 감소했다는 결과가 나와 있습니다.

오메가-3 지방산은 고등어와 꽁치, 정어리, 참치와 같은 등 푸른 생선에 많이 들어있습니다. 통조림도 영양 차이는 거의 없으므로 간편하게 섭취할 수 있습니다.

제철

고등어와 꽁치 등은 가을이 제철이지만, 방어나 참치의 뱃살 등은 일년 내내 구할 수 있습니다.

고르는 방법

지방은 산화되기 쉬워서 신선한 것을 골라야 합니다. 살이 단단하고 탄력 있으며 눈이 맑은 것, 아가미가 붉고 배 부분이 처지지 않은 것이 신선한 것입니다. 아가미가 암갈색이거나 내장이 흘러나온 것은 신선도가 떨어지니 피하도록 하세요.

보관 방법

생선은 손질해서 보관하는 것이 기본입니다. 내장을 그대로 두면 신선도가 빠르게 떨어집니다. 특히 등 푸른 생선은 지방이 많아 빨리 상하므로 깨끗이 손질해 씻은 뒤 물기를 닦고 토막 내서 냉장고에 보관합니다. 이틀 이상 둘 경우 밀폐용기에 담아 냉동 보관합니다. 통조림 역시 개봉 후에는 반드시 다른 용기에 담아 냉장 보관합니다.

암 치료에 강력한 지원군

해조류

김이나 소금기를 뺀 미역, 다시마를 간식으로 먹어도 좋아요!

다양한 능력을 가진 미끈한 성분, 후코이단

후코이단은 다시마, 미역, 미역귀 등 미끈미끈한 해조류에 함유되어 있습니다. 후코이단은 콜레스테롤이나 혈압을 낮추는 효과가 뛰어납니다. 그밖에도 암세포의 증식을 억제하는 항종양 효과, 암의 성장과 관련된 혈관신생을 억제하는 효과가 있습니다.

그뿐만 아니라 암과 싸우는 면역세포의 활성을 높여 암으로 인한 피로감을 낮추고, 항암제 치료로 인한 근육의 위축을 개선하는 기능도 있습니다. 항암제와 같은 치료제의 효과를 높이는 작용도 있다는 것이 확인되었습니다.

사람을 대상으로 한 연구에서도 후코이단을 섭취한 사람은 암과 싸우는 내추럴 킬러 세포의 활성이 높아지는 경향을 보였습니다.

제철

미역이나 파래 등의 제철은 봄이지만, 마른미역이나 염장미역, 김 등 가공한 해조류는 일년 내내 구할 수 있습니다.

고르는 방법

물미역이나 다시마, 파래 등과 같은 생해초는 색이 진한 것이 좋습니다. 마른미역이나 다시마, 김은 건조상태가 좋은 것, 부드럽고 두께가 고른 것을 고릅니다. 염장미역은 소금을 완전히 제거해 줍니다.

보관 방법

마른미역이나 다시마, 김은 서늘하고 건조한 곳에 보관합니다. 밀봉해서 냉동실에 두면 오래 보관할 수 있습니다. 염장미역이나 물파래는 구입한 용기에 그대로 보관하거나 지퍼백에 넣어 냉장 보관합니다.

건강 장수를 원한다면

토마토

음식에 다양하게 이용하세요!

카로티노이드 성분이 암과 뇌졸중을 예방

토마토에 함유된 카로티노이드의 일종인 리코펜에는 강력한 항산화 작용이 있어 노화를 방지하고 콜레스테롤 수치를 낮춰 고혈압을 예방합니다. 연구에 따르면 혈중 리코펜 농도가 높은 사람은 뇌졸중 위험이 50% 이상 낮아졌다고 보고되었습니다.

리코펜에는 암세포 증식을 억제하는 한편, 암세포 성장에 필요한 콜레스테롤 수치를 낮추고 혈관신생을 저해하는 등 강력한 암 예방 효과가 있습니다. 중국인을 대상으로 한 집단연구에서는 토마토를 가장 많이 섭취하는 그룹은 가장 적게 섭취하는 그룹에 비해 간암 위험이 37%나 낮아진 것으로 나타났습니다. 토마토에는 칼륨도 풍부해 몸속의 남는 염분을 배출하는 효과가 있어서 이중으로 고혈압을 막아주는 효과가 있습니다.

제철
요즘은 비닐하우스 재배로 사계절 판매되고 있지만, 제철은 6월부터 8월경입니다.

고르는 방법
동그스름하고 살이 탄탄하며 반 정도 빨갛게 익은 것이 맛있습니다. 꼭지가 단단하고 시들지 않은 싱싱한 것을 골라야 합니다. 소스 등 익히는 요리에 쓰려면 전체가 빨갛게 잘 익은 토마토를 고릅니다. 붉은색을 많이 띨수록 리코펜 함량이 높다는 사실을 알아두세요.

보관 방법
덜 익은 것은 상온에 두어 익히고, 잘 익은 것은 냉장실에 보관합니다. 완숙 토마토는 무르기 쉬우므로 되도록 빨리 먹는 게 좋습니다.

베타카로틴이 가득한 건강 지킴이

당근

생주스보다는 익히는 게 좋아요.

당근은 주스보다 생으로 먹는 것이 좋다

당근은 암 예방에 효과가 있습니다. 비타민 A가 베타카로틴의 형태로 많이 들어 있고 비타민 C와 식이섬유도 풍부한 편입니다. 당근의 베타카로틴은 다양한 암 위험을 줄이는 작용이 있다는 연구 결과가 있습니다.

당근과 폐암의 관계를 조사한 여러 연구를 분석한 결과, 당근을 가장 많이 섭취한 그룹은 가장 적게 섭취한 그룹에 비해 폐암 위험이 42%나 낮아졌습니다.

당근을 주스로 만들면 식이섬유를 효과적으로 섭취할 수 없기 때문에 조리해서 먹는 것이 좋습니다. 당근의 유효 성분인 베타카로틴은 익힐 때 흡수율이 더 좋아집니다.

제철

생산지에 따라 차이가 있지만, 주로 9월부터 12월경까지가 당근의 제철입니다.

고르는 방법

색이 선명하고 매끈하며 표면에 터진 데가 없는 것을 고릅니다. 깨끗이 씻어서 포장해놓은 것보다는 흙이 약간 묻어 있는 것이 좋습니다. 밑동 부분이 검게 변해 있거나 마른 것, 울퉁불퉁한 것은 피합니다.

보관 방법

씻지 않은 채로 종이타월에 싸서 냉장실에 둡니다. 뾰족한 쪽이 아래로 가게 세워두는 것이 좋습니다. 가끔 분무기로 물을 뿌리면 오래갑니다.

제 2 장

암을 이기는 식사법

암 위험을 낮추기 위해서는 식사법에도 신경을 써야 합니다.
건강을 지키는 식사 요령을 기억해두고 제4장의 레시피와 함께 꼭 실천해 보세요.

밥, 빵, 국수 등 탄수화물 과다 섭취는 암을 일으킬 수 있다

밥이나 빵과 같은 주식이 없다면 배가 고플 수밖에 없습니다. 배가 고프면 자연스럽게 밥이나 빵을 먹고 싶어지지만, 여기서 주의할 점이 있습니다.

밥이나 빵에는 탄수화물이 많이 함유되어 있기 때문에 먹으면 혈당이 상승합니다. 혈당이 높은 상태가 지속되면 암을 일으킬 가능성이 높아집니다.

암세포에 포도당을 주입하면 세포의 증식과 전이에 필요한 운동능력이 높아진다는 연구 결과가 있습니다. 혈당이 상승하면서 분비되는 인슐린도 암을 일으킨다는 것이 확인되었습니다. 고혈당 상태가 오래 지속되면 우리 몸에 만성 염증이 생기고, 또한 이것이 암을 일으킬 수 있습니다. 실제 많은 연구에서 고혈당인 암 환자는 생존율이 낮다는 보고가 있고, 암 진단 후에 저탄수화물 식사를 한 사람이 더 오래 살았다는 보고도 있습니다.

식사를 하는 데 있어서 중요한 것은 혈당이 급격히 오르는 것을 막는 일입니다. 그래서 저는 환자에게 주식을 적게 먹도록 권장하고 있습니다.

적게 먹기 위해서는 가능하면 밥이나 빵 등 주식을 줄여야 합니다. 아침, 점심, 저녁 언제든 수프를 드실 때는 밥이나 빵 등 주식을 생략하거나 조금만 먹고, 그 대신 육류나 생선류 반찬을 충분히 먹도록 합니다. 뒤에서 자세히 설명하겠지만, 식사할 때 수프의 건더기를 맨 먼저 먹으면 포만감이 생기기 때문에 주식을 적게 먹어도 의외로 괜찮습니다. 한번 시험해 보세요.

이미 발생한 암을 없애는 것은 어렵지만 이러한 '적당한 탄수화물 제한'으로 고혈당을 예방할 수 있다면 혈당과 관련이 깊은 대장암, 유방암, 자궁암 등의 발생과 진행을 늦출 수 있습니다.

그러나 한 가지 주의할 점이 있습니다.

당뇨병이나 췌장염, 간경변증, 신장질환이 있는 환자는 탄수화물 섭취를 제한하면 위험할 수 있습니다. 탄수화물을 제한하기 전에 꼭 주치의와 상의해야 합니다.

암을 멀리하는 육류 섭취법·선택법

주식 다음으로 메인 반찬에 대해 알려드리겠습니다.

메인 요리라고 하면 역시 육류를 들 수 있습니다. 하지만 육류도 주의가 필요한 식재료입니다. 육류 중에는 암 위험을 높이는 것이 있습니다.

햄, 소시지, 베이컨, 살라미, 쇠고기 육포 등의 가공육은 제조 과정에서 발암성이 있는 아질산나트륨 등의 식품첨가물을 사용합니다. 세계보건기구 (WHO)에서는 가공육을 담배·석면과 같이 '발암 가능성이 있는 물질 그룹'으로 분류하고 있습니다.

또한, 쇠고기, 돼지고기, 양고기 등에 함유된 햄철(편집자 주; 헴에 들어있는 철. 헤모글로빈을 효소 처리하여 얻는다. 식품첨가물의 하나로 철 강화제로 쓴다)은 음식으로 섭취하면 체내에서 활성산소를 만들어 암 위험을 높인다고 알려져 있습니다.

그러한 육류를 먹는다고 해서 바로 암이 진행되지는 않습니다. 연구에 따르면 가공육은 하루 섭취량이 50g 증가하면 대장암 위험이 18% 상승하는 것으로 나타났습니다. 비엔나소시지는 1개에 20g이므로 50g이라면 2.5개, 프레스햄은 1장에 13g이므로 4장 정도입니다. 예를 들어 매일 아침 햄에그 샌드위치를 만들어 햄을 4장씩 먹거나 비엔나소시지를 2~3개씩 먹는다면 먹지 않은 사람보다 대장암 위험이 약 20% 높아진다는 것입니다.

또한, 쇠고기와 돼지고기의 경우 섭취량이 하루 100g 증가하면 대장암 위험이 17% 상승하고, 또 그 밖의 암 위험도 높아진다는 결과가 있습니다. 하지만 동양인의 경우 원래 육류 섭취량이 적기 때문에 쇠고기와 돼지고기 모두 피할 필요는 없다고 생각합니다.

그보다는 버터 같은 포화지방산이 암 위험을 확실히 높인다고 하니 육류 중 포화지방산이 많이 함유된 삼겹살, 소갈비, 닭껍질 등은 과다 섭취하지 않도록 주의하는 것이 좋습니다.

단백질이 풍부한 육류는 건강을 위해 꼭 필요한 식품이기 때문에 지방이 적은 안심이나 닭고기 등을 현명하게 선택해서 드시면 좋겠습니다.

'수프 먼저' 식사로 건강효과 2배!

또 한 가지 암 위험을 낮추기 위해 빼놓을 수 없는 식사법이 있습니다.

그것이 먹는 순서입니다. 앞에서 '혈당이 높아지면 암을 일으킬 위험이 커지기 때문에 밥과 빵 등의 주식은 적게 먹어야 한다'고 했지만, 식후 혈당 상승은 무엇부터 먹느냐에 따라 크게 달라집니다.

가장 좋은 방법은 다음과 같은 순서로 먹는 것입니다.

① 국과 채소 반찬
② 육류 혹은 생선류 반찬
③ 밥과 빵 등의 주식

말하자면, 식이섬유가 풍부한 채소를 먼저 먹고 탄수화물이 많은 주식을 마지막으로 먹는 것입니다.

채소를 먼저 먹는 '채소 먼저' 식사는 다이어트나 당뇨병 예방에 효과적인 식사법이기 때문에 아시는 분들이 많을 겁니다. 채소에 풍부한 식이섬유는 장에서 당 흡수를 느리게 해서 식후 혈당이 급격하게 상승하는 것을 막아줍니다.

그래서 샐러드나 채소 요리가 있으면 그것부터 먹는 것이 효과적입니다. 수프나 된장국의 건더기밖에는 채소가 없다면 수프를 가장 먼저 먹는 '수프 먼저' 식사를 실천해 보세요.

여기서 중요한 것은 식이섬유를 섭취하기 위해 수프의 건더기를 먹는다는 것입니다. 국물에도 영양분이 많이 들어있기 때문에 마시면 좋겠지만 그것은 나중에 밥과 같이 먹어도 상관없습니다.

'수프 먼저' 식사는 혈당이 높아지는 것을 막아주는 것뿐만 아닙니다.

건더기를 먼저 먹게 되면 씹는 행위가 포만중추를 자극해서 포만감을 느끼기 때문에 주식을 과다 섭취하는 것을 예방하는 등 혈당 상승을 이중으로 억제하는 효과가 있습니다.

암을 멀리하는 '수프 먼저' 식생활, 꼭 실천해 보세요.

된장국은 암 위험을 낮추지만
염분에 주의해야

췌장암 수술 후 부분 재발이 되었는데도 불구하고 식사 등 자가 관리만으로 암이 진행되지 않고 몇 년 동안 건강하게 지내고 있는 여성 환자가 있었습니다.

그분에게 물어보니 항암 식품인 채소가 듬뿍 들어간 된장국을 매일 아침 먹는 것을 루틴으로 삼았다고 합니다. 된장국은 식품 자체의 영양은 물론이고, 콩을 발효시킨 된장의 건강 효과도 동시에 얻을 수 있는 매우 좋은 수프입니다.

된장을 비롯한 콩류 식품에 함유된 이소플라본에는 강력한 혈관신생 억제 작용이 있습니다. 혈관신생은 혈관을 만들어내는 기능인데, 암은 이 기능을 활용해서 성장하기 때문에 이것을 억제함으로써 암을 예방하는 것입니다.

한 대규모 조사에서도 된장국을 많이 섭취할수록 유방암에 걸리는 확률이 낮아진다는 결과도 있고, 콩류 식품이나 된장국을 많이 섭취하는 사람은 위암에 걸려도 사망 위험이 30% 낮았다는 보고도 있습니다.

된장 등 발효식품은 장내 환경을 개선해 주는 효과가 있는데, 장내 환경은 또한 암과 깊은 관련이 있습니다. 암 환자의 경우 장내 세균의 다양성이 감소하거나 특정 유해균이 증가하는 것으로 알려져 있습니다. 예를 들어 대장암 환자의 장내에는 치주질환 원인균인 후소박테리움 뉴클레아툼(Fusobacterium nucleatum)이 많이 보입니다. 이 균이 많이 있는 환자들은 항암제가 잘 듣지 않아 생존율이 낮아진다는 보고도 있습니다.

다시 말해, 된장으로 장내 환경을 개선하면 암 예방뿐 아니라 암 치료 효과가 높아진다는 것입니다.

다만, 된장국의 유일한 단점은 염분이 많다는 것입니다. 염분 과다 섭취가 위암 발병 위험을 높인다는 것은 많은 연구에서 알려져 있습니다. 이 책에서 소개하는 된장국 레시피는 되도록 염분을 적게 사용하고 있지만 싱거운 된장국은 사실 맛이 없지요. 그래서 수프보다 염분이 많아지기 쉽습니다.

그런 점에서 된장국만 먹지 말고 수프와 균형을 맞춰가면서 만들어 드시는 것을 추천합니다.

후식으로 과일을 먹는다면
암 위험을 낮춰주는 것으로 골라 먹는다

과일을 많이 섭취하는 사람은 암 발병 위험이 줄어든다는 사실을 알고 계시나요?

한 연구에서는 과일을 거의 섭취하지 않는 사람에 비해 주 1회 이상 먹는 사람은 위암 발생률이 약 30% 낮다는 결과가 보고되었습니다.

과일에 함유된 비타민, 미네랄, 식이섬유 등의 영양소는 암 위험을 낮추는 데 필수성분입니다. 그중에서도 항산화 작용과 항염증 작용이 있는 폴리페놀은 암 예방과 치료를 돕는 효과도 기대할 수 있습니다.

특정 과일과 암 위험에 대한 명확한 관계는 증명되지 않았지만, 동물실험 등을 통해 효과가 있다고 보고된 5가지 과일을 소개합니다.

먼저 **아사이베리**입니다. 안토시아닌 등 폴리페놀이 풍부하고 항산화 작용, 항염증 작용, 혈관신생 억제 작용이 확인되었으며, 암 억제 효과가 있습니다.

아사이베리에 들어있는 폴리페놀은 코코아의 약 4.5배, 블루베리의 약 18배가 됩니다. 철분, 식이섬유, 칼슘, 비타민C도 섭취할 수 있는 슈퍼 푸드입니다.

그다음으로 **블랙베리나 블루베리**도 안토시아닌이 풍부해 높은 항산화 작용을 자랑합니다. 특히 블랙베리는 내추럴 킬러 세포(NK세포)라는 면역세포를 활성화해서 대장암 발병 및 진행을 억제할 가능성이 있다고 알려져 있습니다. 블루베리도 높은 항산화 작용과 항염증 작용이 있어 유방암 위험을 낮춘다는 보고가 있습니다.

다음으로 **사과**입니다. 사과도 폴리페놀이 풍부한데, 그중 플로레틴이라는 성분은 암세포가 증가하는 것을 억제하고 사멸시키는 작용이 있어 주목받고 있습니다.

마지막으로 귤 같은 **감귤류**의 과일입니다. 암을 억제하는 항산화 성분인 비타민C와 카로티노이드가 풍부하여 유방암 위험을 낮추는 효과를 기대할 수 있습니다.

과일 섭취량의 기준은 하루 약 100g으로, 사과의 경우 1/2개 정도입니다.

주의가 필요한 것은 과일주스입니다. 과일 자체의 과당뿐만 아니라 시럽과 과당, 포도당, 액당 등 고농도의 당분이 첨가된 경우가 많기 때문에 고혈당을 초래해 암 위험을 높일 우려가 있습니다. 과일을 섭취한다면 주스가 아닌 생과일을 추천합니다.

암 전문의가 추천하는 간식 베스트 3

디저트 다음 신경써야 할 것이 간식입니다. 어차피 먹게 된다면 이왕이면 암 예방 효과가 있는 것을 선택하는 것이 좋습니다. 그런 분들에게 추천할 만한 간식 3가지를 소개합니다.

가장 좋은 것은 **견과류**입니다. 견과류에는 식이섬유, 비타민, 미네랄, 그리고 천연 폴리페놀인 엘라그산, 오메가-3 지방산인 알파리놀렌산 등 항산화 성분이 풍부합니다. 이들 성분은 암 예방 효과가 뛰어나다는 것이 많은 연구에서 보고되었습니다.

견과류를 즐겨 먹는 지중해식 식사의 효과에 대해 조사한 비교시험에서는 주 3회 이상 주먹 정도 양의 견과류를 먹는 사람은 암으로 인한 사망 위험이 40% 낮아지고, 대장암과 유방암 환자를 대상으로 한 연구에서도 암 재발률을 낮추거나 생존 기간을 연장하는 효과가 확인되었습니다.

그래서 추천하는 것이 나무에 열리는 견과류입니다. 피스타치오, 호두를 비롯해 아몬드, 캐슈너트, 헤이즐넛, 마카다미아 등이 있습니다. 다만 지방이 많아 칼로리 과다 섭취로 이어지기 쉬우므로 과잉 섭취를 하지 않도록 주의해야 합니다.

다음으로 추천하는 것은 **요거트**입니다. 요거트는 유산균과 비피더스균 등 유익균이 풍부한 발효식품으로 장내 환경 개선을 기대할 수 있습니다.

장내 환경이 안 좋으면 암을 포함한 다양한 질병의 원인이 된다는 것이 최근 연구에서 확인되었습니다. 암 환자의 장내 세균은 건강한 사람에 비해 세균의 다양성이 감소되고 있다는 것도 연구에서 밝혀졌습니다.

장내 환경을 개선하기 위해서는 유산균 등의 유익균과 그 먹이가 되는 식이섬유를 모두 섭취할 필요가 있습니다. 섭취할 때는 설탕이 들어있지 않은 플레인 요거트에 유익균의 먹이가 되는 올리고당을 넣어서 섭취하면 더 효과적입니다.

세 번째로 추천하는 것이 **카카오 초콜릿**입니다. 초콜릿의 원료인 카카오 콩에는 항산화 작용과 항염증 작용이 있는 폴리페놀이 풍부해 암 예방뿐 아니라 동맥경화, 고혈압, 뇌졸중 등을 예방하는 효과가 있습니다. 카카오 함량이 높은 무설탕 다크초콜릿이 좋고 혈당을 낮추는 효과도 기대할 수 있습니다.

늦은 저녁식사가 암 위험을 높인다

최근 연구에서 '저녁 식사 시간이 늦은 사람은 암 위험이 높아진다'는 결과가 보고되었습니다. 암 위험에는 음식을 먹는 순서와 더불어 '먹는 시간'도 깊은 관련이 있습니다.

이 결과는 프랑스인 4만여 명을 대상으로 한 연구에 근거한 것으로, 하루의 마지막 식사를 저녁 9시 반 이후에 먹는 사람은 여성의 경우 유방암 위험이 1.5배, 남성의 경우 전립선암 위험이 2.2배 높아진 것으로 나타났습니다.

늦은 시간에 음식을 먹으면 수면, 각성, 체온, 혈압, 호르몬 분비 등 몸의 활동을 약 24시간 주기로 조절하는 생체시계가 무너져 호르몬 분비량이 변화되며, 이로 인해 호르몬과 밀접한 관계가 있는 호르몬 의존성 암 발병 위험이 높아진 것으로 파악됩니다.

또한, 중국의 연구에서는 저녁 식사 후 2~3시간 이내에 잠자리에 드는 사람은 4시간 이상 뒤에 잠자리에 드는 사람에 비해 대장암 위험이 2.5배 높게 나타났습니다. 마찬가지로 저녁 식사 후 바로 잠자리에 드는 사람은 유방암과 전립선암 위험이 높아진다는 보고도 있습니다.

다시 말해, 먹고 바로 잠자는 사람은 다양한 암에 걸리기 쉽다는 것입니다.

게다가 '야간에 식사하면 암 재발 위험을 높인다'는 보고도 있습니다.

미국에서 실시된 조기 유방암 환자를 대상으로 한 식사 조사에서 저녁 식사 후부터 다음 날 아침 식사까지 야간 단식 시간이 13시간만인 여성은 13시간 이상인 여성보다 재발률이 36%, 사망률이 21% 높았다고 보고되었습니다.

야간 단식 시간이 짧은 사람은 긴 사람보다 혈당치가 높은 경향이 있습니다. 고혈당 상태가 지속되면 암이 진행되는 것이 확인되어 있기 때문에 암 환자에게 있어서 야간 단식 시간을 길게 유지하는 것은 매우 중요합니다.

하루 세끼를 가능한 한 규칙적으로 섭취하고 저녁 식사는 가능한 이른 시간에 섭취하는 것이 좋습니다. 식사 후 최소 3시간 기다린 후에 잠을 자고 야식은 먹지 않는 것이 좋습니다. 만약 저녁 식사를 늦게 먹을 경우는 야간 단식 시간을 확보하기 위해 다음 날 아침 식사를 조금 늦게 먹는 등 조절하는 것도 하나의 방법입니다.

아침을 안 먹는 사람도 암에 걸리기 쉽다

하루를 시작하는 아침은 에너지와 영양이 가장 필요한 시간대입니다. 건강을 유지하기 위해 아침 식사는 중요한 역할을 합니다. 아침 식사를 거르면 체중이 쉽게 증가해 비만 위험을 높이고, 나아가 고혈압, 이상지질혈증, 당뇨병 등의 생활습관병으로 이어져 심혈관질환에 걸리기 쉬워진다는 보고가 있습니다. 이렇게 질병 발생 위험이 높아지기 때문에 아침 식사를 거르는 사람은 수명이 짧아진다고 하는 것입니다.

게다가 아침 식사는 암 발생 위험과 밀접한 관계가 있습니다.

미국에서 7,000명을 대상으로 한 연구 조사에서는 아침 식사를 매일 섭취하는 사람에 비해 아침 식사를 거르는 사람은 암으로 인한 사망 위험이 52% 상승했고, 모든 사인에 의한 사망 위험은 무려 69%나 상승한 것으로 나타났습니다.

일본인을 대상으로 한 연구에서도 아침 식사를 거른 그룹에서는 암을 포함한 모든 사인에 의한 사망 위험이 남성에서 43%, 여성에서 34% 증가했으며, 특히 순환기계 질환으로 사망할 위험이 높아진 것으로 나타났습니다.

아침 식사를 거르면 어떤 암에 걸릴까요? 아침 식사와 소화계 암 발병률을 조사한 중국의 대규모 관찰연구에 따르면 아침 식사를 거른 그룹에서는 식도암 위험은 2.7배, 대장암 위험은 2.3배, 간암 위험은 2.4배, 담도암 위험은 5.4배 높아졌습니다.

게다가 주 1~2회 아침을 먹는 그룹에서는 위암 위험은 3.5배, 간암 위험은 3.4배였습니다. 아침을 전혀 먹지 않거나 가끔 먹는 사람은 소화기계 암 위험이 높아진다는 것을 알 수 있습니다.

아침 식사는 암 위험을 낮추기 위해서도 가능한 매일 먹는 것을 권장합니다. 다만 식품첨가물이 들어간 과자, 빵과 설탕이 들어간 캔커피의 조합은 자주 먹으면 암 위험을 높일 우려가 있으므로 주의가 필요합니다.

컵라면, 스낵, 청량음료, 햄버거 등
'초 가공식품'에 주의할 것

'초 가공식품'이라는 말을 들어본 적이 있나요?

가공식품은 맛과 색깔, 모양, 질감 등을 좋게 하기 위해, 혹은 장기간 상온에서 보관할 수 있도록 많은 식품첨가물과 보존료 등을 첨가한 식품입니다. 그중 가공 정도가 가장 높은 등급에 분류되는 식품이 초 가공식품입니다. 편의점과 패스트푸드점 등에서 판매되는 과자, 빵, 컵라면, 스낵, 설탕을 사용한 달콤한 디저트류, 청량음료, 가공육을 사용한 햄버거 등이 그것에 해당합니다.

초 가공식품에는 당분, 염분, 포화지방산, 트랜스지방 등 신체에 나쁜 기름, 방부제, 색소나 발색제 등 많은 첨가물이 들어있어 평소에 자주 먹게 되면 심혈관질환, 비만, 이상지질혈증, 고혈압, 당뇨병 등 생활습관병이나 내장지방 증가로 인해 암 발병 위험이 높아지게 됩니다.

프랑스에서 10만 명을 대상으로 실시한 연구에서는 초 가공식품을 가장 많이 섭취하는 그룹이 가장 적게 섭취하는 그룹에 비해 암 발병 위험이 20%

이상 높게 나타났습니다.

또한, 어떤 암에 걸리기 쉬운지 전 세계에서 다양한 연구가 이루어지고 있습니다. 3가지 대규모 관찰연구를 정리한 분석에서는 대장암 발병 위험이 30% 상승했고, 특히 항문에서 가장 가까운 S상 결장이나 직장암 발병 위험이 70%나 높아졌습니다.

대장암은 음식에 따라 위험이 좌우되는 대표적인 암으로 특히 주의가 필요합니다.

초 가공식품 중에서도 암 위험을 높이는 위험인자로 특히 주의가 필요한 것은 주스와 소다 등 설탕이 들어있는 음료입니다. 프랑스에서 실시한 연구에서는 설탕이 들어있는 음료를 하루에 불과 100mL만 더 섭취해도 암 발병 위험이 18% 상승했다는 결과가 보고되었습니다.

현재 우리나라 사람들을 대상으로 실시한 초 가공식품에 대한 연구 데이터는 없지만, 우리도 편의점이 늘어나면서 초 가공식품 소비량도 해마다 증가하고 있어 암 위험이 높아질 것으로 예측되고 있습니다. 되도록이면 날것을 조리해서 섭취하고 편의점에 가는 횟수를 줄이는 것을 권장합니다.

술을 한 잔 줄이고 커피를 마시자

술은 많은 암과 관련이 있고 음주량이 증가함에 따라 다양한 암 위험이 증가하는 것은 틀림없는 사실입니다. 음주량을 되도록 줄이고, 술을 마시더라도 쉬는 날을 정하는 것이 중요합니다. 그러나 술을 좋아하는 분들에게는 어려운 일일 수 있습니다.

그래서 제안하고 싶은 것이 있습니다. 예를 들어, 식후 마시는 술 한 잔을 커피로 바꾸는 방법입니다. 식사하면서 마시던 맥주나 소주, 양주 등을 식사가 끝난 후에도 술자리를 이어가면서 습관적으로 마시는 것이 아니라, 술 대신 커피를 마시는 것입니다.

오래전부터 커피에 함유된 폴리페놀이 생활습관병과 암을 예방한다는 사실이 알려져 왔습니다. 최근에도 커피의 암 예방 효과에 대해 국내외 많은 연구에서 밝혀지고 있습니다.

과거에 보고된 40가지 연구를 분석한 결과, 커피를 가장 많이 마시는 사람은 가장 적게 마시는 사람에 비해 모든 암 위험이 감소했습니다. 그중 커피를 섭취함으로 인해 전립선암, 자궁암, 구강암, 피부암 등의 발병 위험이 감소하는 것이 확인되었습니다.

일본에서 약 9만 명을 대상으로 커피 섭취와 간암 발생률의 관계성을 조사하는 대규모 연구가 실시되었습니다. 이 연구에 따르면 커피를 거의 매일 마시는 사람은 거의 마시지 않는 사람에 비해 간암 위험이 약 절반으로 감소했고 하루 5잔 이상 마시는 사람은 간암 위험이 4분의 1까지 줄어든 것으로 나타났습니다.

술을 좋아하는 사람에게는 가장 걱정되는 간암 위험이 커피로 줄어든다고 하니 '술 대신 커피'를 실천해 보는 것이 어떨까요?

밤에 커피를 마시면 잠을 못 자기 때문에 잘 안 마시는 사람도 있을 겁니다. 그러나 안심하십시오. 카페인을 뺀 디카페인 커피도 같은 효과가 있습니다. 카페인이 걱정되는 사람은 디카페인 커피를 마시면 됩니다. 인스턴트 커피도 효과는 같다는 연구도 있지만, 시중에서 판매되는 커피 음료에는 설탕을 비롯한 많은 당분이 들어있기 때문에 주의가 필요합니다.

항암 된장국으로 암 진행을 막았어요

하토하라 세츠코(56세)

저의 환자 중에 약 8년 전에 췌장암 3기 판정을 받고 수술로 췌장의 절반 정도를 잘라낸 하토하라 세츠코라는 여성이 있습니다. 수술 후 2년 정도 지나 잘라낸 부위에서 부분 재발이 되어 항암 치료를 1년간 받았지만 본인의 요청으로 치료를 중지했습니다.

그 후 정기적인 경과관찰에서 암의 활동성을 나타내는 종양표지자 수치가 해마다 낮아져 지금까지 건강하게 잘 지내고 있습니다. 본인에게 물어보니 식사에 신경을 쓰고 매일 아침에는 건더기가 듬뿍 들어간 된장국을 먹고 있다고 합니다.

"항암 치료 중에는 부작용으로 심한 구내염에 시달렸고 식사도 제대로 못 했습니다. 1년이 지났을 무렵에 항암 치료 중지를 요청하였고, '집에서 관리할 수 있는 방법이 없을까' 고민하던 끝에 사토 선생님의 조언에 따라 식이요법을 하면서 셀프 케어를 시작했습니다."

"수술로 췌장을 절반 정도 잘라냈기 때문에 인슐린 분비량이 줄어들어

입원 중에는 당뇨병 환자식을 먹었습니다. 그 식단을 참고로 책과 인터넷으로 몸에 좋은 식사에 대해 알아보다가 채소, 버섯류, 해조류 등 6~7종의 식재료를 듬뿍 넣은 된장국을 알게 되었습니다."

하토하라 씨가 주로 이용한 된장국 재료는 양배추, 브로콜리, 두부, 미역, 만가닥버섯, 당근 등 항암효과가 있는 10가지 식재료였습니다. '항암 된장국'이라고 할 만한 메뉴를 스스로 만들어 먹었던 것입니다.

"채소는 가능하면 많이 먹으려고 했습니다. 아침과 저녁 식사는 채소 반찬을 꼭 2~3가지 먹고 있고, 간편하게 조리할 수 있도록 냉동실에는 데쳐서 얼린 양배추와 브로콜리 등을 늘 냉동 보관해두었습니다. 매 끼니마다 하는 일이기 때문에 번거롭지도 않습니다."

해외에서 실시한 대규모 연구에서 채소를 많이 섭취하는 사람은 암뿐 아니라 기타 원인을 포함한 모든 사망 위험이 최대 40% 이상 감소했다는 보고가 있습니다. 하토하라 씨가 말하는 채소를 듬뿍 섭취하는 식사법은 바로 건강 장수에 가장 좋은 방법인 것입니다.

또한, 하토하라 씨는 주식에 있어서도 '적당한 탄수화물 제한' 실천하고 있었습니다.

"아침 식사는 건더기가 듬뿍 들어간 된장국만 먹어도 배가 부르기 때문에 주식은 안 먹습니다. 점심은 현미 빵이나 메밀국수, 저녁 식사는 잡곡밥 등 색깔이 있는 식재료를 선택해서 먹고 있습니다."

하토하라 씨의 아침 식사

채소 초무침
식초에는 내장지방과 혈압을 개선
하는 효과가 있어 생활습관병 예방
에 매우 좋습니다.

오이 누카즈케(김치류)
일본식 오이 절임 '누카즈케'나 한
국의 김치는 유산균에 의한 발효식
품입니다. 장내 환경을 개선하기 때
문에 권장합니다.

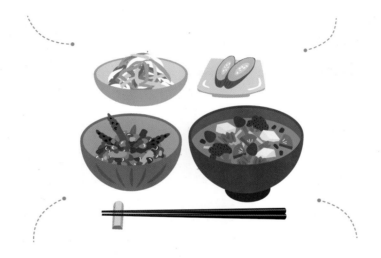

낫토 깨소금 무침
아스파라거스와 낫토 무침. 낫토는
콩류 식품이자 발효식품이기 때문
에 이중의 효과가 있습니다.

건더기가 듬뿍 들어간 된장국
브로콜리, 양배추, 두부, 당근, 미
역, 만가닥버섯 등 항암 식재료를
듬뿍 넣었습니다.

흰쌀 섭취가 암을 증가시킨다는 연구 보고는 없지만 흰 쌀밥, 흰 식빵, 우동 등 정제된 탄수화물은 현미나 잡곡밥 등 정제되지 않는 식품보다 식이섬유가 적고 혈당을 급격히 올릴 수 있기 때문에 당뇨병 위험을 높이는 것으로 보고되고 있습니다.

"반찬은 생선요리 위주로 하며, 폰즈 소스 같은 간이 약한 소스를 끼얹어 먹고 있습니다.

염분은 가능한 섭취하지 않도록 하고 있기 때문에 연어 등은 무염 제품을 선택하고 된장국도 싱겁게 만들어 먹고 있습니다. 육류는 한 달에 2~3번 구이나 샤부샤부로 먹는 정도입니다.

그밖에 요거트, 우유, 사과, 바나나, 키위, 오렌지 등 매일 한 접시 분량의 과일을 먹고 있습니다."

염분을 적게 섭취하고 항산화 작용이 있고 식이섬유가 풍부한 과일을 매일 섭취하는 습관도 암 위험을 낮추는 데 효과적입니다.

"암이 발병하기 전에는 단 음식을 마음껏 먹는 등 폭식하는 경우가 많았는데, 식사를 바꾼 후부터는 확실히 몸 상태가 좋아졌다는 게 느껴집니다. 치료 효과가 클 뿐만 아니라 체중도 10㎏ 이상 줄었습니다. 앞으로도 꾸준히 할 생각입니다."

수프나 된장국만 먹어도 효과가 있지만, 하토하라 씨처럼 그 외의 식사 방법도 연구하여 실천하면 암 위험을 더욱 낮출 수 있을 것입니다.

제 **3** 장

암 식이요법에 대해 잘못 알고 있는 6가지

암에 대해 '카더라'식 정보가 수없이 많고 그중에는 잘못 알려진 것들도 많이
있습니다. 사람들이 잘못 알고 있는 암 식이요법 관련된 오해와 진실을 소개합니다.

오해 1

음식으로 암이 사라진다

시중에는 암 환자를 위한 식사법과 레시피를 소개한 책들이 많이 나와 있습니다. 대부분은 의사나 영양사 등 전문가가 집필 또는 감수한 것이라 설득력이 있어서 나도 모르게 관심이 가는 책들도 많이 있습니다.

하지만 자세히 살펴보면 과학적 근거가 없는 정보가 버젓이 게재된 경우가 많이 있습니다. 어떻게 해서 이런 근거 없는 이야기들이 퍼졌는지 놀랍기만 합니다.

식사의 질을 높이면 암 환자의 생존율이 높아지거나 암 치료에 도움이 될 가능성은 있지만, 식사로 인해 지금 존재하는 암이 사라지지는 않습니다. 지금까지 전 세계에서 식사와 암에 대한 동물실험이나 사람을 대상으로 한 임상실험이 많이 실시되었지만 특정한 식사로 인해 암이 사라진다고 단정할 만한 과학적 근거는 증명되지 않았습니다.

'식사가 암 환자의 생존율을 높일 수 있다'고 하면, '암이 사라졌다는 뜻인가'라고 생각할 수도 있습니다. 하지만 암 환자의 사망 원인은 암 자체만

이 아닙니다. 암에 걸리면 혈전이 생기기 쉬워져서 심근경색이나 뇌경색 같은 기타 질환으로 사망하는 경우도 많습니다.

그래서 식사의 질을 높이면 이런 병들로 인한 위험을 줄일 수 있고, 결과적으로 생존율이 높아질 수 있다는 것입니다.

'암이 사라진다'는 강력한 말로 인해 고통스러운 항암 치료나 위험한 수술을 하지 않아도 식사만으로 암을 고칠 수 있다고 믿는 사람도 있을 것입니다. 그래서 안이하게 표준치료방법을 포기하는 사람도 있을지 모릅니다. 하지만 암 치료는 생명과 직결되기 때문에 그렇게 쉽게 생각해서는 안 된다고 생각합니다.

이 책에서 소개하고 있는 식사법은 '암을 사라지게 하기 위해서'가 아니라 '암 발병 위험을 줄이기 위해서'이며, '비록 암에 걸리더라도 오래 살 수 있도록 하기 위해서'입니다. 그러한 과학적 근거가 있는 식사법을 정리한 것이 바로 이 책입니다.

오해 2

당근 주스는 암에 효과가 있다

암에 효과가 있는 채소라고 하면 당근을 떠올리는 사람이 많습니다. 암 식이요법으로 잘 알려진 '거슨 요법'에서 당근주스를 많이 마실 것을 권하기 때문입니다. 정식 거슨요법은 신선한 채소나 과일주스를 하루 13잔 이상 섭취하는 것을 기본으로 하고 있습니다.

실제로 당근에는 항산화 작용을 하는 베타카로틴이 풍부해 체내의 산화를 막는 효과가 있다고 알려져 있습니다.

하지만 전 세계의 연구들을 찾아봐도 '당근 주스와 암'의 관련성을 다룬 논문은 극히 적고, 암이 줄어들거나 사라졌다는 증례 보고도 찾아볼 수 없었습니다. 유방암 환자에게 3주 동안 신선한 당근주스를 마시게 한 비교시험에서도 산화 스트레스는 줄어들었지만 염증 수치에는 변화가 없었고, 암에 효과가 있다는 근거는 얻지 못했습니다.

그렇기는 하지만 이러한 보완 대체요법을 모두 부정할 필요는 없습니다. 당근이 건강에 좋은 것은 분명하며, 암 치료에 효과가 있다고 믿고 꾸준히 섭취한다면 플라시보 효과를 기대할 수도 있습니다.

그러나 주의해야 할 점이 몇 가지 있습니다.

애초 암 환자가 매일 다량의 당근주스를 마시는 일은 그다지 현실적이지 않습니다. 만약 마실 수 있다고 해도 배가 불러서 다른 필요한 음식을 먹을 수 없게 되면 이것은 본말이 전도되었다고 볼 수 있습니다.

게다가 당근에는 다른 채소에 비해 탄수화물이 많이 포함되어 있고, 주스로 만들면 식이섬유가 제거되기 때문에 혈당이 오르기 쉽습니다. 혈당이 높아지면서 분비되는 인슐린은 암을 진행시킬 가능성이 지적되고 있어서 주의가 필요합니다. 특히 당뇨병 환자에게는 권하지 않습니다.

암 환자에게는 식이섬유를 많이 섭취하는 것이 중요합니다. 그래서 당근을 즙을 내거나 갈거나 해서 섭취하는 것보다 날것 그대로 먹거나 조리해서 섭취하는 것이 좋습니다. 앞에서도 소개했지만, 당근은 그대로 섭취하면 다양한 암 예방에 효과가 있다고 알려져 있습니다. 당근은 주스로 갈지 말고, 꼭 식재료로 사용해 드시도록 하세요.

암에는 단식이 효과적이다

다이어트나 건강 등을 위해서 단식을 하는 사람들이 있습니다. 단식이란 몇 시간 또는 며칠에 걸쳐 음식을 끊는 건강법입니다. 최근에는 간헐적 단식이 유행하면서 하루 동안 몇 시간씩 단식을 실천하는 사람들이 많아졌습니다.

단식은 처음에는 다이어트 방법으로 주목을 받았습니다. 그러던 것이 최근 들어 다양한 질병의 예방과 치료에 효과가 있다는 사실이 점차 밝혀지고 있습니다. 일부에서는 단식이 암 치료에도 도움이 될 수 있다는 의견이 제기되면서, 해외에서는 암 환자들이 "단식이 암에 효과가 있나요?"라고 의사에게 조언을 구하는 일도 적지 않다고 합니다.

그렇다면 단식은 정말 암치료에 효과가 있을까요? 기본적으로 암은 비만으로 인해 발병 위험이 높아지는 것으로 알려져 있기 때문에, 단식을 통한 칼로리 제한으로 체중을 조절할 수 있다면 암을 억제할 가능성도 충분히 있습니다.

또한, 혈당 상승에 따라 분비되는 인슐린 등의 수치가 단식을 통해 낮아지면, 암의 진행을 억제할 수 있다는 견해도 있습니다.

게다가 단식은 세포에 비정상적인 단백질이 쌓이는 것을 막는 '오토파지(autophagy)'라는 기능을 활성화시키는 것으로 알려져 있습니다. 이 오토파지가 항암 치료를 돕는다는 실험 결과도 나와 있지만, 한편으로는 항암 효과를 떨어뜨릴 수 있다는 연구 결과도 있어 오토파지의 역할에 대해서는 더 많은 연구가 필요한 상황입니다.

최근 단식이 암 진행과 치료의 어떤 관계가 있는지에 대한 연구가 증가하고 있습니다. 그래서 동물실험 뿐만 아니라 사람을 대상으로 한 임상시험도 실시되고 있습니다. 그러나 임상시험 횟수가 압도적으로 부족하기 때문에 암 환자에 대한 효과는 현시점에서는 정확하게 알 수 없습니다.

무리하게 며칠간 단식해서 몸상태가 나빠지면 본말이 전도되는 결과가 됩니다. 그러니 단식할 때는 무리하지 말고 신중하게 접근하는 것이 좋습니다.

다만 저녁식사를 너무 늦게 하면 암 발병 위험이 높아진다는 사실이 밝혀졌습니다. 특히 암 환자의 경우 혈당이 높은 상태가 지속되면 암이 더 진행되는 원인이 될 수 있기 때문에 밤 시간 동안의 공복 상태를 가능한 한 길게 유지하는 것이 좋습니다.

암을 급속히 진행시키는 음식이 있다

건강 전문가들 중에는 암을 급속히 진행시키는 음식이 있다고 주장하는 사람이 있습니다. 그런 위험한 음식이 있으면 발암성 물질로 분류되어 있을 것입니다.

현재 국제암연구기관이 인체에 암을 유발하는 성분이 있다고 분류한 식품으로는 햄, 베이컨, 소시지 등 가공육 정도입니다. 가공육도 장기적으로 많이 섭취할 경우 대장암 등 발병 위험이 높아지지만, 암을 급속히 진행시키지는 않습니다. 그래서 암을 급속히 진행시키는 음식은 없다고 할 수 있습니다.

다만 설탕은 주의가 필요합니다. 당분이 많이 들어간 단 음료나 탄수화물 비중이 높은 식사는 일부 암 발병 위험을 높일 가능성이 지적되고 있습니다. 단 음식이 모두 안 좋은 것은 아니지만 혈당이 급격히 상승하는 음식은 피해야 합니다.

또한 치즈나 요거트 등 산성 식품이 암을 진행시킨다는 의견도 있습니다. 원래 산성 식품이란 많은 의학 연구에 따르면 '식사 후 신장이 처리해야 할 산의 양'이 많은 식품을 가리킵니다. 반대로, 신장이 처리해야 하는 산의 양이 적은 식품은 알칼리성 식품이라고 불립니다.

신장에 부담을 주는 산의 수치가 높은 산성 식품에는 생선, 육류, 치즈를 비롯한 유제품, 달걀 등이 있습니다. 반대로, 산의 수치가 낮은 알칼리성 식품에는 콩류, 과일, 채소 등이 포함됩니다. 참고로 치즈를 비롯한 유제품은 생선이나 육류에 비해 산성 수치가 상대적으로 낮기 때문에 체내 산성화에 미치는 영향이 그리 강하다고 볼 수는 없습니다.

과거 연구에 따르면 건강한 사람이 오랫동안 산성 식품을 많이 먹으면 췌장암과 유방암 발병 위험이 높아진다는 결과가 있습니다. 반면, 5만 명을 대상으로 한 대규모 조사에서는 산성 식품을 섭취한 그룹과 알칼리성 식품을 섭취한 그룹 모두 사망 위험이 높아진 것으로 나타났습니다. 즉 산성 식품만 섭취하는 것도 좋지 않고, 반대로 알칼리성 식품만 섭취하는 것도 좋지 않다는 것입니다.

암 환자에게 있어 '무엇을 먹을 것인가'는 물론 중요합니다. 하지만 특정 음식을 먹는다고 해서 암이 갑자기 진행되는 일은 없고, 식사로 암이 극적으로 완치되는 일도 없습니다. '무엇을 먹었더니 암이 사라졌다'가 아니라, 암에 효과가 검증된 식품을 매끼 식사에서 꾸준히 섭취하는 것이 중요합니다.

오해 5

항암 치료 중에는 날것을 먹지 말아야 한다

항암 치료 중에는 부작용으로 인해 면역세포인 백혈구가 줄어들 수 있습니다. 면역세포는 몸에 들어오는 세균과 맞서 싸우는 존재이기 때문에, 수가 줄어들면 감염을 막을 수 없게 됩니다. 만약에 면역세포가 줄어든 상태에서 감염이 심해지면 온몸의 세포나 장기가 염증을 일으키는 패혈증에 걸릴 수 있습니다. 최악의 경우 생명이 위험할 수도 있습니다.

그래서 일반적으로 병원에서는 항암 치료 중인 환자에게 생선회 같은 날음식을 먹지 않도록 권하는 경우가 많습니다. 저의 환자 중에도 항암 치료 중에는 좋아하는 날음식을 참고 있다는 사람들이 있습니다.

그밖에도 감염 위험이 있는 사람과의 접촉이나 사람이 많은 곳에 가는 것, 개나 고양이 같은 애완동물을 기르는 것을 제한하기도 합니다. 하지만 이런 제한이 환자에게는 큰 스트레스를 줄 수도 있습니다. 정말 이런 제한을 꼭 해야 하는 걸까요?

급성골수성백혈병을 앓고 있는 소아 환자 339명을 대상으로 한 연구에서는 음식이나 사람과의 접촉, 애완동물 기르기 등을 제한해도 감염 위험은 줄어들지 않았다는 결과가 나왔습니다. 항암 치료 중인 백혈병 환자들은 면역력이 떨어지기 쉽고 감염 위험이 매우 높기 때문에, 이 연구 결과는 다른 암 환자들에게도 적용될 수 있을 것입니다.

또한, 항암 치료 중인 환자의 식사 제한에 관한 다양한 연구들을 종합적으로 분석한 논문에서는 항암제 부작용인 감염 등을 식사 제한으로 줄이는 효과는 없다는 결론을 내렸습니다. 다시 말해, 날음식을 먹는다고 해서 감염의 위험이 증가하지 않으므로 무리하게 제한할 필요는 없다는 것입니다.

그렇지만 건강한 사람도 날음식을 먹고 식중독에 걸릴 가능성이 있습니다. 그렇기 때문에 암 환자는 더욱 신경써서 신선한 것을 먹는 것이 중요합니다. 채소와 과일은 깨끗이 씻어서 먹으면 감염 위험을 줄일 수 있습니다.

건강기능식품은 필요 없다, 식사만으로 충분하다

  특정 건강기능식품이 암 치료에 효과가 있다는 소문이 있습니다. 하지만 건강기능식품만으로 암이 치료된다는 과학적 근거는 유감스럽게도 없습니다. 물론 암 치료를 돕는다는 차원에서는 몇 가지 장점이 있습니다.

  우선 건강기능식품은 필요한 영양소를 보충함으로써 체력 저하나 영양 상태가 악화하는 것을 방지합니다. 또한 면역력을 높이거나 유지하는 데 도움이 되기도 합니다. 항암제의 부작용을 완화하거나 암 치료의 효과를 높이는 효과도 기대할 수 있습니다. 이를 바탕으로 제가 추천하는 건강기능식품은 다음의 5가지입니다.

  비타민 D는 임상시험에서 암 환자의 생존기간을 늘려주는 효과가 확인된 몇 안 되는 건강기능식품 중 하나입니다. 혈중 비타민 D 농도가 낮은 암 환자에게 매우 효과적입니다.

  EPA는 오메가-3 지방산 중 하나로, 혈액을 맑게 해주고 심혈관질환을 예방하는 몸에 좋은 기름입니다. 암 재발률과 사망률을 낮추고 염증 수치를 개선하는 효과도 있어서 암 환자에게는 필수적인 영양소입니다.

또한 음식을 제대로 섭취하지 못하는 암 환자는 비타민과 미네랄이 부족해지기 쉽습니다. 종합비타민과과 미네랄 보충제는 대사 작용을 도와 몸에서 필요한 영양소가 잘 흡수되고 그 영양소들이 신체 활동을 위한 에너지로 효과적으로 변환되도록 해줍니다.

멜라토닌은 생체 시계를 조절함으로써 자연스럽게 수면을 유도하는 작용이 있습니다. 또한, 암 발생과 진행을 막는 데도 효과가 있다고 알려져 있습니다. 특히 유방암이나 전립선암 같은 호르몬 의존성 암 치료에 효과적입니다.

쿠르쿠민은 강황에 함유된 폴리페놀의 일종으로, 암세포의 성장을 억제하는 작용이 있습니다. 다만 지용성이어서 체내 흡수율이 매우 낮습니다. 그래서 쿠르쿠민 함량이 높은 건강기능식품을 선택하는 것이 좋습니다.

마지막으로 주의해야 할 점이 있습니다.

건강기능식품은 식사로 부족한 영양소를 보충하는 것이기 때문에 우선은 제대로 된 식사를 잘 챙겨 먹는 것이 중요합니다.

또한, 암 환자를 대상으로 한 고가의 건강기능식품에도 주의해야 합니다. 만약 건강기능식품 복용 중 몸에 이상 증상이 발생하거나 몸에 맞지 않는다고 생각되면 즉시 복용을 중단하고 주치의와 상담하는 것이 좋습니다.

이왕 섭취한다면 믿고 지속적으로 섭취하는 것이 무엇보다 중요합니다.

제 **4** 장

장수 수프 레시피

항암 식재료로 만든 장수 수프 레시피를 소개합니다. 반찬이 되는 수프, 뜨거운 물만
부어 만드는 간단한 수프, 걸쭉한 포타주 수프 등 입맛과 상황에 따라 만들어 보세요.

브로콜리와 양배추가 듬뿍

브로콜리 미네스트로네

미리 만들어
보관해도
좋아요.

1인분 100 kcal 염분 1.9g

미네스트로네는 채소가 많이 들어간 이탈리아식 수프입니다. 대표적인 항암 식재료인 브로콜리와 양배추로 깔끔한 수프를 만들었어요.

재료(2인분)

브로콜리 1/2개
양배추잎(작은 잎) 1장(60g)
소금 1/4작은술

다시마국물 400mL
참치액(또는 쯔유) 2작은술

소금 1/4작은술
올리브오일 1큰술
파르메산 치즈가루·후춧가루 조금씩

만드는 법

1 브로콜리는 작은 송이로 나눈다. 줄기는 버리지 말고 껍질을 두껍게 벗겨 사방 1cm 크기로 썬다. 양배추는 한입 크기로 썬다.

2 냄비에 올리브오일을 두르고 브로콜리와 양배추를 소금 간해서 볶는다.

3 채소가 숨이 죽을 때까지 중불에서 볶다가 다시마국물과 참치액을 넣고 간한다. 국물이 끓기 시작하면 불을 약하게 줄여서 5분 정도 더 끓인다.

4 그릇에 담고, 치즈가루와 후춧가루를 뿌린다.

One Point Lesson

브로콜리 줄기는 껍질이 단단해서 두껍게 벗겨내야 먹기 좋아요.

익힌 양배추의 달착지근한 맛이 매력

양배추와 만가닥버섯 수프

미리 만들어
보관해도
좋아요.

1인분 74 kcal 염분 1.9g

익힌 양배추의 달착지근한 맛이 매력인 수프입니다. 치즈가루를 뿌려 고소한 맛과 영양을 더했어요.

재료(2인분)
양배추 1/6개(약 200g)
만가닥버섯 50g
마늘 1쪽
올리브오일 1/2큰술

물 400mL
치킨스톡(과립) 2작은술
소금·후춧가루 조금씩
파르메산 치즈가루 조금

만드는 법

1 양배추는 1cm 정도 크기로 썬 후 내열용기에 넣고 랩을 느슨하게 씌워 600W 전자레인지에 5분 가열한다.

2 만가닥버섯은 밑동을 자르고 1cm 길이로 썬다. 마늘은 으깬다.

3 냄비에 올리브오일을 두르고 ①의 익힌 양배추를 넣고 중불에서 볶는다. 잘 어우러지면 물을 붓고 치킨스톡으로 맛을 낸다. 국물이 끓으면 불을 약하게 줄여서 5분 정도 더 끓인다.

4 소금과 후춧가루로 간을 맞춘 후 불에서 내리고, 그릇에 담아 위에 치즈가루를 뿌린다.

One Point Lesson
마늘은 수프의 맛을 풍부하게 해줍니다. 마지막에 파르메산 치즈가루를 넣으면 더 좋아요.

소금으로 장내환경 개선

팽이버섯 콩 수프

미리 만들어
보관해도
좋아요.

1인분　　154 kcal　　염분 2.2g

재료(2인분)　　삶은 콩(대두) 100g　　　　다시마국물 400mL
　　　　　　　　팽이버섯 100g　　　　　　소금 1큰술
　　　　　　　　소금 1/4작은술　　　　　　식초 1작은술

　　　　　　　　올리브오일·후춧가루 조금씩

만드는 법　　*1*　팽이버섯은 밑동을 자르고 2cm 길이로 썬다. 붙은 가닥은 찢어
　　　　　　　　놓는다. 냄비에 팽이버섯, 소금을 넣고 뚜껑을 닫아 약한 불에서
　　　　　　　　1분 정도 찐다.

　　　　　　　2　①에 삶은 콩을 넣고 다시마국물, 소금, 식초로 간한 후 중불에
　　　　　　　　서 끓이다가 약불로 줄여 5분 정도 더 끓인다. 다 되면 그릇에
　　　　　　　　담고 올리브오일과 후춧가루를 조금 뿌린다.

우메보시가 맛을 잡아주는

양배추와 팽이버섯 매실 수프

미리 만들어
보관해도
좋아요.

1인분   56 kcal   염분 1.8g

재료(2인분) 양배추잎(작은 잎) 1장(50g)   치킨스톡(과립) 1작은술
팽이버섯 50g   물 400mL
참기름 2작은술
우메보시 1개

만드는 법   1 양배추는 한입 크기로 썬다. 팽이버섯은 밑동을 잘라내고 3cm
길이로 자른 후 붙은 가닥을 찢어놓는다. 우메보시는 씨를 빼고
두드려 펴 준다.

2 냄비를 달군 후 참기름을 두르고 양배추, 팽이버섯을 볶는다.

3 치킨스톡을 넣고 물을 부어 끓인다. 국물이 끓으면 불을 약하게
줄여서 3분 정도 더 끓인 후 그릇에 담고 우메보시를 곁들인다.

탄탄면 스타일의 고소한 참깨 소스가 매력

튀긴 두부와 만가닥버섯 수프

미리 만들어
보관해도
좋아요.

1인분   116 kcal   염분 2.0g

탄탄면 스타일의 고소한 참깨 소스가 매력인 수프입니다. 일본된장으로 맛을 내 구수하고도 깊은 국물맛이 나요.

재료(2인분)

튀긴 두부 1/2개
만가닥버섯 50g
물 400mL
치킨스톡(과립) 1작은술

참깨 소스 2작은술
일본된장 1큰술
녹말물(녹말가루 1큰술, 물 2큰술)

송송 썬 실파·고추기름 조금씩

만드는 법

1 튀긴 두부는 사방 2cm의 주사위 모양으로 썬다. 만가닥버섯은 밑동을 자르고 한 가닥씩 떼어낸다.

2 냄비에 튀긴 두부와 만가닥버섯을 넣고 물을 부은 후 치킨스톡으로 간을 해 중불에서 끓인다.

3 국물이 끓으면 불을 약하게 줄이고 참깨 소스와 일본된장을 풀어넣는다.

4 녹말물을 만들어 ③에 붓고 잘 저어가며 걸쭉해질 때까지 끓인다.

5 다 되면 그릇에 담고, 송송 썬 실파와 고추기름을 조금 뿌린다.

One Point Lesson

튀긴 두부 대신 두부나 유부를 넣어도 좋고, 만가닥버섯 대신 좋아하는 버섯으로 만들어도 맛있어요.

새콤한 맛이 식욕을 돋우는
토마토와 마늘 수프

미리 만들어
보관해도
좋아요.

1인분 **142** kcal   염분 **1.9**g

| **재료(2인분)** | 토마토 통조림 1캔(400g)
마늘 2쪽
올리브오일 1큰술

치킨스톡(과립) 2작은술
소금 조금 | 맛술 1큰술
물 400mL

플레인 요거트(무설탕) 2큰술
후춧가루 조금 |

만드는 법

1   마늘을 으깨어 냄비에 올리브오일을 넣고 약한불에서 1분 정도 볶는다.

2   ①에 토마토 통조림과 치킨스톡, 소금, 맛술, 물을 넣고 중불에서 끓인다. 국물이 끓으면 불을 줄여 10분 정도 더 끓인다.

3   그릇에 담고 요거트, 올리브오일과 후춧가루를 조금 뿌린다.

감칠맛 나는 잎새버섯과 굴 소스의 조화

토마토와 버섯 수프

미리 만들어 보관해도 좋아요.

1인분 · 68 kcal · 염분 0.7g

재료(2인분)

토마토 1/2개
잎새버섯 40g

참기름 2작은술
다진 생강 1/3개

굴 소스·맛술 각 2작은술
물 400mL

송송 썬 실파 조금

만드는 법

1 토마토는 반 잘라 슬라이스하고, 잎새버섯은 한 가닥씩 떼어낸다.

2 냄비에 잎새버섯, 참기름, 다진 생강을 넣고 약한 불에서 1분 정도 볶는다.

3 ①에 토마토와 물을 넣고 굴 소스, 맛술로 간해 중불에서 끓이다가 불을 줄인다. 그릇에 담고 송송 썬 실파를 뿌린다.

브로콜리 반 개도 단숨에

구운 브로콜리와 마늘 수프

미리 만들어
보관해도
좋아요.

1인분 70 kcal 염분 1.9g

마늘을 구워서 향을 낸 후 브로콜리를 구워 물을 붓고 끓인 맑은 수프입니다. 새콤한 레몬이 깔끔한 맛을 살렸어요.

재료(2인분)

브로콜리 1/2개
마늘(얇게 썬 것) 1쪽
올리브오일 2작은술

물 400mL
치킨스톡(과립) 2작은술
소금 조금

레몬 슬라이스 2장
후춧가루 조금

만드는 법

1 브로콜리는 작은 송이로 나눈다.

2 냄비에 올리브오일을 두르고 저민 마늘을 약한 불에서 1분 정도 볶는다. 향이 올라오면 마늘은 꺼낸다.

3 같은 냄비에 브로콜리를 넣고 소금을 뿌려 중불에서 노릇노릇해질 때까지 굽는다.

4 물과 치킨스톡을 넣고 끓인다. 국물이 끓으면 볶아둔 마늘을 넣고 불을 약하게 줄여서 5분 정도 더 끓인다.

5 그릇에 담은 뒤 레몬을 곁들이고 후춧가루를 뿌린다.

One Point Lesson

브로콜리는 구우면 풍미가 좋아져요. 레몬의 신맛이 어우러져 상쾌한 맛이 좋아요.

상큼한 풍미의 유자후추가 비결

연두부 양배추 수프

미리 만들어
보관해도
좋아요.

1인분   81 kcal   염분 1.6g

재료(2인분)   연두부 1/2모

양배추잎(작은 잎) 1장(50g)
참기름 1작은술
다진 생강 조금

물 400mL
치킨스톡(과립) 1작은술
소금 2작은술

유자후추 조금

만드는 법   *1* 두부와 양배추는 2cm 정도 크기로 큼직하게 썬다.

2 냄비에 참기름, 생강, 양배추를 넣고 약한 불에서 1분 정도 볶는다.

3 물을 붓고 치킨스톡과 소금으로 간한 뒤 중불에서 끓인다. 중간에 두부를 넣고 끓이다가 불을 약하게 줄여 5분 정도 더 끓인다. 다 되면 그릇에 담아 유자후추를 뿌린다.

바다 냄새가 향긋한

두부와 해조류 수프

미리 만들어
보관해도
좋아요.

1인분 | 73 kcal | 염분 1.7g

재료(2인분)	부침용 두부 1/2모	간장 1작은술
	생 큰실말 40g	소금 1/2작은술
		생강채 조금
	다시마국물 400mL	
	가다랑어포 4g	

만드는 법

1 두부는 먹기 좋은 크기로 썬다.

2 냄비에 다시마국물, 가다랑어포를 넣고 중불에서 끓인다.

3 국물이 끓으면 두부, 큰실말, 간장, 소금을 넣고 좀 더 끓인다.
   다 되면 그릇에 담고, 생강채를 곁들이다.

One Point Lesson

큰실말은 모즈쿠라고 불리는 해조류예요. 큰실말을 구하기 어렵다면 톳이나 꼬시래기
로 대체해도 좋아요.

말린 톳으로 언제든 끓여요

중화풍 토마토와 톳 수프

미리 만들어
보관해도
좋아요.

1인분　**64** kcal　염분 **1.8**g

재료(2인분)	말린 톳 2g 토마토 1/2개 다진 생강 1/3개 참기름 1작은술

치킨스톡(과립) 2작은술
맛술 1작은술
물 400mL
녹말물(녹말가루 1큰술, 물 2큰술)

송송 썬 실파·통깨 조금씩

만드는 법

1　톳은 미지근한 물에 불린다. 토마토는 한입 크기로 썬다.

2　냄비에 참기름, 생강, 톳을 넣고 약한 불에서 30초 정도 볶는다.

3　②에 토마토와 물을 넣고 치킨스톡과 맛술로 간을 맞춘 후, 중불
　에서 끓이다가 불을 줄여 3분 정도 더 끓인다.

4　녹말물을 ③에 붓고 저어가며 걸쭉해질 때까지 끓인다. 그릇에
　담고, 길게 썬 실파와 통깨를 뿌린다.

볶은 양파의 달착지근한 맛과 토마토의 신맛이 식욕을 돋워요

볶은 양파와 토마토 비니거 수프

미리 만들어
보관해도
좋아요.

1인분 · **70** kcal · 염분 **2.2**g

재료(2인분)	토마토 1/2개	치킨스톡(과립) 2작은술
	양파 1/4개	간장·식초 각 1작은술
	올리브오일 2작은술	물 400mL
		우유 1큰술
		다진 파슬리 조금

만드는 법

1 양파는 가늘게 채 썰고, 토마토는 사방 1cm 크기로 썬다.

2 냄비에 올리브오일을 두르고 양파를 3분 정도 볶는다.

3 ②에 물을 붓고 치킨스톡, 간장, 식초로 간을 해서 끓인다. 중간에 토마토를 넣고 끓이다가 불을 줄여서 5분 정도 더 끓인다.

4 우유를 넣고 좀 더 끓인 후 그릇에 담고 파슬리를 뿌린다.

One Point Lesson

우유 1큰술이 토마토와 식초의 신맛을 부드럽게 해줘요.

불맛 나는 국물이 매력

만가닥버섯 미역 수프

미리 만들어
보관해도
좋아요.

1인분 | **40** kcal | 염분 **1.6**g

재료(2인분)	마른미역 2g	간장 1큰술
	만가닥버섯 50g	물 400mL
	참기름 1작은술	
	다진 마늘 1쪽분	송송 썬 실파·통깨 조금씩

만드는 법

1 마른미역은 물에 불리고, 만가닥버섯은 밑동을 잘라 한 가닥씩 떼어낸다.

2 냄비에 만가닥버섯, 참기름, 마늘을 넣고 약불에서 볶는다. 향이 올라오면 중불로 올리고 간장을 넣어 조금 탈 정도로 볶아서 수분을 날린다.

3 미역을 넣고 물을 부어 끓인다. 국물이 끓으면 불을 줄여서 3분 정도 더 끓인 후 그릇에 담고 송송 썬 실파와 참깨를 뿌린다.

연어 통조림으로 만든 영양 수프

연어와 당근 수프

미리 만들어
보관해도
좋아요.

1인분 74 kcal 염분 1.6g

재료(2인분)
연어 통조림 1/2캔(200g)
당근 1/4개
쯔유 1큰술
물 400mL

다진 생강 1/2쪽분
송송 썬 실파 조금

만드는 법

1 당근은 3cm 길이의 얇은 직사각형으로 썬다.

2 냄비에 당근과 연어 통조림을 넣고 물을 부어 끓인다. 쯔유로 간하고 다진 생강을 넣어 끓이다가 불을 약하게 줄여서 5분 정도 더 끓인다.

3 그릇에 담고 송송 썬 실파를 뿌린다.

마요네즈의 감칠맛으로 업그레이드

브로콜리와 연어 마요 수프

미리 만들어
보관해도
좋아요.

1인분 | **137** kcal | 염분 **2.2**g

재료(2인분) 연어 통조림 1/2캔(200g)　　　치킨스톡(과립) 2작은술
　　　　　　　브로콜리 1/4개　　　　　　　물 400mL
　　　　　　　마요네즈 1큰술　　　　　　　올리브오일·후춧가루 조금씩

만드는 법 *1* 브로콜리는 작은 송이로 나눈다. 냄비에 마요네즈와 브로콜리를
　　　　　　　넣고 약한 불에서 1분 정도 볶는다.

　　　　　　2 고루 어우러지면 연어 통조림, 치킨스톡, 물을 넣고 중불에서 끓
　　　　　　　인다.

　　　　　　3 국물이 끓기 시작하면 불을 약하게 줄여서 5분 정도 더 끓인다.

　　　　　　4 그릇에 담고 마지막에 올리브오일과 후춧가루를 고루 뿌린다.

전자레인지를 이용한 스피드 요리

브로콜리와 토마토를 푹 끓인 수프

미리 만들어
보관해도
좋아요.

1인분 | 122 kcal | 염분 0.6g

재료(2인분)
브로콜리 1/2개
마늘 1쪽
토마토 통조림 1/2캔(200g)

다시마국물 200mL

일본된장 1작은술
맛술 2작은술

올리브오일 1큰술
후춧가루 조금

만드는 법

1 브로콜리는 작은 송이로 나누고 마늘은 으깨어서 내열용기에 넣고 랩을 느슨하게 씌워서 600w의 전자레인지에서 1분 30초 가열한다.

2 냄비에 ①과 토마토 통조림을 넣고 다시마국물을 부은 후 일본된장을 풀어 넣는다. 중간에 맛술과 올리브오일을 넣고 좀 더 끓인다. 국물이 끓으면 불을 약하게 줄여서 10분 정도 더 끓인 후 그릇에 담고 후춧가루를 뿌린다.

된장과 의외로 잘 어울리는 조합

브로콜리 유부 된장국

(1인분) (**55** kcal) (염분 **1.8**g)

재료(2인분)   브로콜리(작은 송이) 3개   다시마국물 350mL
                유부 1/3장   일본된장 1½큰술

만드는 법   *1* 브로콜리는 세로로 가늘게 쪼갠다. 유부는 길이 1.5cm 정도 크기의 정사각형으로 썬다.

                2 냄비에 브로콜리, 유부를 넣고 다시마국물을 넣어 중불에서 끓인다. 끓으면 불을 약하게 줄여서 브로콜리가 부드러워질 때까지 끓인 후 된장을 풀어 간한다. 다 되면 그릇에 담는다.

된장의 구수한 맛, 생강의 깔끔한 맛

튀긴 두부와 토마토 된장국

1인분 · 60 kcal · 염분 1.8g

재료(2인분)

튀긴 두부 1/3개
토마토 1/2개
다시마국물 300mL

일본된장 1½큰술
다진 생강 조금
깻잎(채 썬 것) 1장

만드는 법

1 튀긴 두부와 토마토는 사방 1.5cm 정도의 한입 크기로 썬다.

2 냄비에 다시마국물을 붓고 중불에서 끓이다가, 튀긴 두부와 토마토를 넣고 불을 약하게 줄여서 2분 정도 더 끓인다.

3 된장을 풀고 잠깐 더 끓인 후 불을 끈다. 그릇에 담고 다진 생강과 채 썬 깻잎을 곁들인다.

생선살 씹는 맛과 브로콜리의 아삭함이 매력

고등어 브로콜리 된장국

1인분 · 116 kcal · 염분 2.4g

재료(2인분)　고등어 통조림 1/2캔(200g)　　청주 1/2큰술
　　　　　　　브로콜리(작은 송이) 2개　　　일본된장 1½큰술
　　　　　　　물 350mL　　　　　　　　　다진 생강 조금

만드는 법　*1*　냄비에 고등어 통조림과 브로콜리를 넣고 물을 부어 중불에서
　　　　　　　끓인다.

　　　　　2　국물이 끓으면 청주를 넣고 된장을 풀어준 후 불을 약하게 줄여
　　　　　　　서 좀 더 끓인다.

　　　　　3　그릇에 담고, 생강을 위에 올린다.

잎새버섯은 멸칫국물과 찰떡궁합

잎새버섯과 두부 된장국

1인분 | **54** kcal | 염분 **1.8**g

재료(2인분)
잎새버섯 1/2팩
연두부 1/4모

멸칫국물 350mL
청주 1/2큰술

일본된장 1⅓큰술

깻잎(채 썬 것) 1장분

만드는 법

1 두부는 먹기 좋은 크기로 썰고, 잎새버섯은 한 가닥씩 떼어낸다.

2 냄비에 잎새버섯을 넣고 멸칫국물과 청주를 부어 끓인다. 국물이 끓으면 두부를 넣고 1분 정도 더 끓인다.

3 된장을 풀어 조금 더 끓인 후 그릇에 담고 깻잎을 채 썰어 위에 올린다.

약간의 우유가 식재료를 조화롭게

양배추와 토마토 된장국

식이섬유와 비타민이 풍부한 양배추와 토마토가 조화를 이룬 수프입니다. 올리브오일과 우유가 더해져 깊고 부드러운 맛이 살아나요.

재료(2인분)

양배추잎(작은 잎) 1장(50g)
토마토 1/4개

물 350mL
치킨스톡(과립) 1/2작은술

우유(또는 두유) 1큰술
일본된장 1⅓큰술
올리브오일·후춧가루 조금씩

만드는 법

1 양배추는 사방 1cm 폭으로 썰고, 토마토는 사방 1cm 크기의 주사위 모양으로 썬다.

2 냄비에 물과 치킨스톡을 넣고 양배추를 넣어 중불에서 끓인다. 8분 정도 끓이다가 양배추가 부드러워지면 토마토와 우유를 넣고 좀 더 끓인다.

3 우유가 잘 어우러지면 불을 약하게 줄이고 된장을 풀어 넣고 불을 끈다.

4 그릇에 담고 올리브오일을 빙 둘러준 다음, 후춧가루를 뿌린다.

One Point Lesson

양배추와 올리브오일은 찰떡궁합! 양배추를 사용하는 다른 수프에도 올리브오일을 조금 넣으면 맛이 더욱 깊어져요.

매콤한 양배추를 쉬지 않고 먹게 되는

고등어와 양배추 두반장 수프

1인분　118 kcal　염분 1.6 g

재료(2인분)	고등어 통조림 1/2캔(200g)	일본된장 2작은술
	양배추잎(작은 잎) 1장(60g)	물 400mL
	다진 마늘 1/2쪽분	송송 썬 실파 조금
	참기름 1작은술	
	두반장 1작은술	

만드는 법

1　양배추는 한입 크기로 썬다.

2　냄비에 다진 마늘, 참기름, 두반장을 넣고 볶는다.

3　②에 고등어 통조림과 양배추를 넣고 물을 부은 뒤 일본된장을 풀어 중불에서 끓인다.

4　약불에서 5분 정도 더 끓인 후 그릇에 담고 실파를 뿌린다.

당근을 가장 많이 먹는 방법

당근과 두유 된장국

1인분　**79** kcal　염분 **1.9**g

재료(2인분)　당근 1/2개　　　　　　두유 100mL
　　　　　　　올리브오일 1작은술　　　일본된장 1½큰술
　　　　　　　다시마국물 250mL　　　후춧가루 조금

만드는 법　*1*　당근은 세로로 반 자른 후 얇게 썰어 반달 모양이 되게 한다.

　　　　　　2　당근을 올리브오일로 볶다가 다시마국물을 붓고 한소끔 끓인다.

　　　　　　3　두유를 넣고 불을 약하게 줄인 후 1~2분간 더 끓인다.

　　　　　　4　마지막에 된장을 풀어 넣고 좀 더 끓인 후 불을 끈다. 다 되면 그
　　　　　　　　릇에 담고 후춧가루를 뿌린다.

소화가 잘되고 장에도 좋은

낫토국

1인분 · 104 kcal · 염분 1.9g

재료(2인분)	낫토 1팩	다시마국물 350mL
	만가닥버섯 등 좋아하는 버섯 50g	일본된장 1½큰술
	참기름 1작은술	
		송송 썬 대파 적당량
		시치미 조금

만드는 법

1. 버섯은 밑동을 잘라 송송 썰고, 낫토는 적당히 다진다.

2. 냄비에 참기름을 두르고 낫토, 버섯을 넣어 볶는다. 기름이 골고루 어울릴 때까지 볶는다.

3. 기름이 고루 어우러지면 다시마국물을 넣고 한소끔 끓이다가 대파를 넣고 된장을 풀어 넣는다. 다 되면 그릇에 담고 시치미를 뿌린다.

식초를 몇 방울 떨어뜨려 더욱 부드러운

양배추와 미역 된장국

1인분   33 kcal   염분 2.0g

재료(2인분)   양배추잎(작은 잎) 1장(50g)   식초 1/2작은술
마른미역 1g   일본된장 1½큰술
멸칫국물 350mL   다진 생강 조금

만드는 법   1 양배추는 1.5cm 사각으로 썰고 미역은 물에 불린다.

2 냄비에 양배추를 넣고 멸칫국물, 식초를 부어 끓인다. 국물이 끓
으면 불을 줄여서 5분 정도 더 끓인다.

3 미역을 넣고 된장을 풀어준 다음 잠깐 더 끓이다가 불을 끈다.
다 되면 그릇에 담고 다진 생강을 위에 올린다.

건더기 듬뿍, 프랑스 보양식

구운 양배추 포토피

미리 만들어
보관해도
좋아요.

1인분 293 kcal / 염분 2.3g

포토푀(Pot-au-feu)는 쇠고기와 감자, 당근, 양파 등의 채소를 넣고 푹 끓인 프랑스 전통 가정식이에요. 쇠고기 대신 닭봉을 넣고 응용해도 좋아요.

재료(2인분)

닭봉 4개
소금 2/3작은술

양파 1/4개
감자(작은 것) 1개
당근 1/4개
브로콜리(작은 송이) 4개

양배추 1/6개(약 200g)
올리브오일 1작은술

물 400mL
홀그레인 머스터드 조금

만드는 법

1 닭봉에 소금을 뿌려서 밑간한 후 10분 정도 두어 간이 배게 한다.

2 양파는 먹기 좋게 썰고, 감자와 당근은 한입 크기로 썰고, 브로콜리는 송이를 나눈다.

3 양배추 1/6통을 세로로 반 갈라 겹겹의 모양대로 준비한다. 달군 팬에 올리브오일을 두르고 양배추 단면이 노릇노릇해질 때까지 중불에서 3분 정도 굽는다.

4 냄비에 준비한 재료를 모두 넣고 물을 부어 끓인다. 국물이 끓으면 불을 약하게 줄여서 10~15분 더 끓인 뒤 그릇에 담고 홀그레인 머스터드 소스를 곁들인다.

빵을 적셔 먹으면 대만족

양배추 그라탱 수프

1인분   154 kcal   염분 2.7g

버터로 볶은 채소에 우유를 붓고 끓여서 크림 같은 고소한 맛이 나는 수프입니다.
바삭하게 구운 바게트를 올려주면 풍성하고 건강한 한 끼 식사로 좋아요.

재료(2인분)

양배추 1/6개(약 200g)
양송이버섯 4개
버터 8g

물 350mL
우유 50mL
치킨스톡(과립) 2작은술

소금·후춧가루 조금씩

바게트(1.5cm 두께) 2장
피자 치즈 20g

만드는 법

1 배추는 채 썰어 내열용기에 넣고 랩을 느슨하게 씌워서 600W
   전자레인지에서 5분간 가열한다. 양송이버섯은 세로로 얇게
   썬다.

2 냄비에 버터를 두르고 양배추와 양송이버섯을 볶는다.

3 ②에 물과 우유, 치킨스톡을 넣고 끓인다. 국물이 끓으면 중약
   불로 줄이고 5분 정도 더 끓인 다음 소금, 후춧가루로 간을 맞
   춘다.

4 바게트에 치즈를 골고루 올려 에어프라이어에 굽는다.

5 그릇에 ③의 수프를 먼저 담고 구운 바게트를 위에 올린 다음 소
   금, 후춧가루를 뿌린다.

고기, 채소가 골고루 풍부하게

빨간 채소 미네스트로네

미리 만들어
보관해도
좋아요.

감자, 당근, 양파가 입안에서 부드럽게 씹히는 맛이 좋아요. 빨간 파프리카와 토마토소스의 새콤한 맛이 식욕을 돋워요.

재료(2인분)

잘게 썬 돼지고기 50g
소금 1작은술
후춧가루 조금

감자(작은 것) 1개
양파 1/4개
당근 1/4개
빨간 파프리카 30g

다진 마늘 1/2쪽분
올리브오일 1큰술

토마토 통조림 1/2캔(200g)
맛술 1큰술
물 150mL

파르메산 치즈가루·다진 파슬리 조금씩

만드는 법

1　돼지고기에 소금, 후춧가루를 뿌리고 골고루 주무른 후 10분 정도 간이 배게 둔다.

2　감자, 양파, 당근, 파프리카는 사방 1cm 크기로 썬다.

3　밑간한 돼지고기를 냄비에 넣고 센 불에서 볶는다. 고기가 살짝 익으면 불을 줄여 ②의 채소를 모두 넣고 올리브오일, 마늘을 넣어 함께 볶는다.

4　토마토 통조림, 맛술, 물을 넣고 중불에서 끓인다. 국물이 끓으면 불을 약하게 줄여서 10분 정도 더 끓인 후 그릇에 담고 파슬리와 치즈가루를 뿌린다.

진한 국물에 영양이 가득

닭고기와 버섯 수프

미리 만들어
보관해도
좋아요.

1인분 · 263 kcal · 염분 1.3g

바지락이 들어가 감칠맛이 좋고, 닭고기를 오래 삶아서 진한 국물이 입맛을 끌어당겨
요. 국수를 넣고 닭칼국수처럼 즐겨도 좋습니다.

재료(2인분)

닭봉 4개
바지락살 50g
표고버섯 2개
만가닥버섯 50g

마늘 2쪽
저민 생강 2쪽
물 500mL

만드는 법

1 표고버섯은 밑동을 제거하고 갓만 준비한다. 만가닥버섯은 밑동
   을 제거한 뒤 한 가닥씩 떼어낸다.

2 준비한 재료를 모두 냄비에 담고 물을 부어 중불에서 끓인다.

3 국물이 끓으면 거품을 걷어가면서 약한 불에서 30~40분 푹 끓
   인다.

4 그릇에 담고 소금으로 간을 맞춘다.

One Point Lesson

바지락살 대신 인삼, 대추를 넣고 삼계탕처럼 즐겨도 좋아요.

항암 식재료가 듬뿍 들어간

고등어와 토마토 스튜

미리 만들어
보관해도
좋아요.

1인분 · 282 kcal · 염분 2.0g

고등어, 토마토, 양파, 버섯, 브로콜리, 마늘은 대표적인 항암 식품입니다. 고등어와 토마토는 통조림으로 준비하면 언제든지 쉽게 만들 수 있어요.

재료(2인분)

고등어 통조림 1캔(400g)
토마토 통조림 1/2캔(200g)
양송이버섯 4개
브로콜리(작은 송이) 4개
양파 1/3개
다진 마늘 1쪽분
올리브오일 1큰술

물 150mL
청주 1큰술
맛술 2큰술
일본된장 2/3큰술

소금·후춧가루 조금씩
치즈가루·이탈리안 파슬리(다진 것)
조금씩

만드는 법

1 양파는 1~2mm 폭으로 가늘게 썬다. 양송이버섯은 모양을 살려 세로로 썬다.

2 냄비에 올리브오일을 두르고 마늘을 볶는다. 마늘 향이 퍼지면 양파를 넣고 숨이 죽을 때까지 볶는다.

3 ②에 고등어·토마토 통조림, 양송이버섯, 브로콜리를 넣고 볶다가 물을 붓고, 청주와 맛술, 일본된장을 넣어 잘 섞은 후 끓인다.

4 국물이 끓으면 불을 약하게 줄여서 10분 정도 더 끓인 후 소금, 후춧가루로 간을 맞춘다.

5 다 되면 그릇에 담고 치즈가루, 파슬리를 뿌린다.

걸쭉해서 목 넘김이 좋은

마파두부 식 버섯 수프

1인분 **203** kcal 염분 **1.4**g

단백질이 풍부한 두부와 닭가슴살, 몸에 좋은 버섯을 넣고 끓인 수프입니다. 녹말물을 넣고 걸쭉하게 끓여서 부드럽게 목으로 넘어가는 느낌이 좋아요.

재료(2인분)　부침용 두부 1/2모　　　　　두반장·된장·굴소스 각 1작은술씩
닭가슴살 100g　　　　　　녹말물(녹말가루 1/2큰술, 물 1큰술)
표고버섯 1개
팽이버섯 30g　　　　　　송송 썬 실파 조금

다진 마늘 1/2쪽
참기름 2작은술

만드는 법　　*1*　닭가슴살은 잘게 다지고 두부는 사방 3cm 크기로 썬다. 표고
버섯은 사방 5mm 정도로 잘게 썰고 팽이버섯은 1cm 길이로
썬다.

2　냄비에 참기름을 두르고 마늘을 볶다가 다진 닭고기를 넣어 중
불에서 볶는다.

3　표고버섯, 팽이버섯을 넣고 두반장, 된장, 굴소스로 간한 뒤 맛
이 어우러지도록 볶는다.

4　두부를 넣고 물을 부어 끓이다가 국물이 끓으면 5분 정도 더 끓
인다.

5　녹말가루를 물에 풀어 ④에 넣고 저어가며 끓인다. 걸쭉해지면
그릇에 담고 송송 썬 실파를 뿌린다.

낫토와 나도팽나무버섯 찌개

1인분   **124** kcal   염분 **2.2**g

낫토와 된장, 고추장을 넣고 끓여 맛도 좋고 장에도 좋아요. 나도팽나무버섯은 팽이버섯보다 갓이 크고 갈색이 나는 버섯입니다.

재료(2인분)

낫토 1팩(50g)
양배추잎 1장(80g)
나도팽나무버섯 50g
김치 60g
참기름 2작은술

물 400mL
고추장·된장 1작은술씩
굴소스 2작은술

송송 썬 실파 조금

만드는 법

1   김치는 송송 썰고, 양배추도 김치와 같은 크기로 썬다. 나도팽나무버섯은 밑동을 자른다.

2   냄비에 참기름을 두르고 김치를 넣어 중불에서 살짝 볶다가 물을 넣고 끓인다.

3   낫토와 양배추, 버섯을 넣고 고추장·된장, 굴소스로 간해 잘 섞은 뒤 한소끔 더 끓인다.

4   그릇에 담아 송송 썬 실파를 뿌린다.

One Point Lesson

나도팽나무버섯이 구하기 어렵다면 팽이버섯으로 대체해도 좋아요.

새콤한 토마토가 입맛을 돋우는
갈릭 토마토 수프

미리 만들어
보관해도
좋아요.

1인분 279 kcal 염분 2.4g

새콤한 토마토소스에 마늘 향이 은은히 퍼져서 입맛을 자극하는 수프입니다. 수란을 올려 터트려 먹는 재미가 있어요.

재료(2인분)

수란 2개
빨간 파프리카 1/2개
마늘 2쪽

토마토 통조림 1/2캔(200g)
토마토케첩 2큰술
맛술 1½큰술

치킨스톡(과립) 2작은술
물 200mL

올리브오일 2큰술
이탈리안 파슬리·후춧가루 조금씩

만드는 법

1 파프리카는 가늘게 채 썰고 마늘은 으깬다.

2 냄비에 올리브오일을 두르고 으깬 마늘을 넣어 향이 올라오도록 볶는다.

3 파프리카와 토마토 통조림, 케첩, 맛술, 치킨스톡을 넣고 물을 부어 중불에서 끓인다.

4 국물이 끓으면 불을 약하게 줄여서 10분 정도 더 끓인다.

5 그릇에 담고 수란을 올린 후 파슬리와 후춧가루를 뿌린다.

채소가 듬뿍 들어간

닭고기 카레 수프

미리 만들어
보관해도
좋아요.

1인분　199 kcal　염분 1.4g

부드러운 닭다리살과 당근, 피망, 양파, 가지 등의 채소가 듬뿍 들어간 영양 카레입니다. 토마토케첩과 굴소스를 넣어 감칠맛을 더했어요.

재료(2인분)

닭다리살 120g
당근 1/4개
피망 1개
가지 1개
양파 1/2개

다진 마늘 1/2쪽분
카레가루 1큰술
토마토케첩 2큰술
굴소스 2작은술
물 400mL

올리브오일 1큰술

만드는 법

1 닭다리살을 준비해 한입에 먹기 좋은 크기로 썬다. 당근, 피망, 가지는 깍둑썰기 하고, 양파는 굵게 채 썬다.

2 깊이가 깊은 팬에 올리브오일 1작은술을 두르고 가지를 넣어 중불에서 굽다가 피망을 넣고 살짝 볶아서 꺼낸다.

3 같은 팬에 올리브오일 2작은술을 넣고 마늘, 양파, 카레가루를 넣어 중불에서 잘 어우러질 때까지 볶다가 닭고기, 당근을 넣는다.

4 ③에 물을 부은 후 토마토케첩, 굴소스를 넣어 10~15분 끓인다.

5 ④에 구운 가지와 피망을 넣고 함께 끓인 후 다 되면 그릇에 담는다.

닭고기 완자 씹히는 맛
닭고기 완자 수프

미리 만들어
보관해도
좋아요.

1인분 / 127 kcal / 염분 2.2g

다진 닭고기살로 완자를 빚어 끓인 수프입니다. 다진 양파와 다진 생강, 된장을 넣고 반죽을 해서 고기 누린내가 나지 않아요.

재료(2인분)

닭고기 완자
닭고기살 100g
양파 1/4개
생강 1쪽
된장·녹말가루 1작은술씩

양배추잎(작은 잎) 1장(50g)
만가닥버섯 50g

치킨스톡(과립) 2작은술
물 400mL

송송 썬 실파 조금

만드는 법

1 닭고기, 양파, 생강은 곱게 다진다. 양배추는 한입 크기로 썰고, 만가닥버섯은 밑동을 자르고 한 가닥씩 떼어낸다.

2 다진 닭고기, 다진 양파, 다진 생강, 된장·녹말가루를 고루 섞어 치댄 후 골프공만 한 크기로 둥글게 빚는다.

3 냄비에 물을 붓고 치킨스톡을 넣어 중불에서 끓인다.

4 국물이 끓으면 닭고기 완자, 양배추, 만가닥버섯을 차례로 넣어 끓인다.

5 한소끔 끓으면 불을 약하게 줄여서 뚜껑을 덮고 5분 정도 더 끓인 다음 그릇에 담고 송송 썬 실파를 뿌린다.

혈액을 맑게 해주는
토마토 양하 수프

미리 만들어
보관해도
좋아요.

1인분 / 105 kcal / 염분 1.8g

양하는 생강과의 향신채로, 혈액순환을 돕고 면역력을 좋게 하는 식품으로 알려져 있어요. 닭가슴살 수프에 양하 잎을 넣어 깔끔한 맛을 살렸어요.

재료(2인분)

닭가슴살 2개
녹말가루 1작은술

토마토 1개
양하(몰로키아) 잎 50g

팽이버섯 50g
참기름 1작은술

치킨스톡(과립) 2작은술
물 400mL

만드는 법

1 닭가슴살은 한입 크기로 납작하게 썰어 녹말가루를 살짝 묻힌다.

2 토마토는 사방 1cm 크기로 썰고, 양하 잎은 2cm 정도로 작게 썬다. 팽이버섯은 밑동을 자르고 1cm 길이로 썬다.

3 냄비에 참기름을 두르고 팽이버섯을 볶다가 물과 치킨스톡을 넣어 중불에서 끓인다.

4 국물이 끓으면 닭가슴살, 토마토, 양하 잎을 넣고 불을 약하게 줄여서 5분 정도 더 끓인다.

One Point Lesson

양하는 몰로키아라고도 하는데, 일본에서는 모로헤이야라고 불립니다. 순처럼 땅속에서 나오는 꽃봉오리와 양하 잎을 음식에 이용해요. 우리나라에는 제주와 호남 지역에서 재배합니다.

중화풍 크림 풍미가 가득

중국식 두부와 브로콜리 콘수프

1인분 232 kcal 염분 1.9g

두부와 달걀을 넣고 중화풍으로 만든 브로콜리 콘 크림 수프입니다. 크림 스타일 스위트콘 통조림 대신 분말 콘 수프를 이용하면 편리해요.

재료(2인분)

크림 스타일 스위트콘 1캔(약 190g)
부침용 두부 1/2모
브로콜리 1/2개
참기름 2작은술

물 200mL
치킨스톡(과립) 1작은술
달걀 1개
소금 1작은술
후춧가루 조금

만드는 법

1 두부는 한입 크기로 썰고, 브로콜리는 작은 송이로 나눈다.

2 달걀은 소금을 조금 넣고 곱게 푼다.

3 냄비에 참기름을 두르고 브로콜리를 중불에서 1분 정도 볶는다. 물, 스위트콘, 두부, 치킨스톡을 넣어 끓인다. 국물이 끓으면 불을 약하게 줄여서 5분 정도 더 끓인다.

3 ①의 달걀물을 가장자리로 돌려서 붓는다. 달걀이 떠오르면 그릇에 담고 후춧가루를 뿌린다.

One Point Lesson
크림 스타일 스위트콘 대신 분말로 파는 콘수프 1봉지에 물 200mL를 부어서 사용해도 됩니다.

오메가 3가 풍부한

고등어와 뿌리채소 된장국

1인분 **240** kcal **염분 2.9**g

고등어는 오메가 3가 풍부해 혈액순환과 심혈관질환 개선에 도움이 되는 식품입니다. 큼직하게 썬 뿌리채소로 포만감이 좋아요.

재료(2인분)

고등어 통조림 1캔(400g)
당근 1/4개
우엉 1/4개
대파 20g
참기름 1작은술

다시마국물 400mL
맛술 2작은술
일본된장 1½큰술

생강채 1쪽분

만드는 법

1 당근은 반 가른 후 반달썰기로 얇게 저며 썬다. 우엉과 대파는 어슷하게 썬다.

2 냄비에 참기름을 두르고 당근과 우엉을 볶다가 고등어 통조림을 넣고 다시마국물을 부어 끓인다.

3 10분 정도 끓인 후 대파를 넣고 맛술로 맛을 낸다.

4 된장을 풀어 넣고 잠깐 끓이다가 불을 끄고 그릇에 담아 생강채를 곁들인다.

One Point Lesson
고등어 통조림은 약한 불로 천천히 조리면 감칠맛이 국물에 녹아 나오기 때문에 서둘지 말고 약한 불로!

일본식으로 끓인

튀긴 두부와 피망 된장 카레 수프

1인분   112 kcal   염분 2.1g

쯔유로 간하고 된장을 풀어 넣어 일본식으로 끓인 카레 수프입니다. 입맛 없을 때 따뜻하게 데워 먹으면 좋아요.

재료(2인분)

튀긴 두부 1/2개
양파 1/4개
피망 1개

물 400mL
카레가루 1큰술
일본된장 1⅓큰술
쯔유 1큰술

녹말물(녹말가루 1큰술, 물 2큰술)
시치미 조금

만드는 법

1. 튀긴 두부는 먹기 좋은 크기로 썰고, 양파는 굵게 채 썬다. 피망은 씨와 속을 제거하고 길이로 8등분한다.

2. 냄비에 카레가루를 넣고 약한 불에서 20초 정도 볶는다. 물을 붓고 된장을 푼 후 쯔유로 간해 중불에서 끓인다.

3. ②에 튀긴 두부, 양파, 피망을 넣고 끓이다가 국물이 끓으면 불을 줄여서 2~3분 더 끓인다.

4. ③에 녹말물을 넣고 저어가며 끓이다가 걸쭉해지면 불을 끄고 그릇에 담아 시치미를 뿌린다.

국물맛이 일품!

뿌리채소 두유 수프

미리 만들어
보관해도
좋아요.

1인분 / 109 kcal / 염분 1.9g

우엉, 연근, 당근 등의 채소를 깍둑썰기해서 두유로 끓인 수프입니다. 국물맛이 구수하고 뿌리채소와 버섯의 아작거리는 식감이 좋아요.

재료(2인분)

당근 1/4개
연근 30g
우엉 1/4개
만가닥버섯 40g
유부 1/3장

두유 100mL
다시마국물 250mL
맛술 1/2큰술
일본된장 1½큰술

송송 썬 실파·시치미 조금씩

만드는 법

1 당근, 연근은 사방 1cm 크기로 썰고, 우엉은 1cm 길이로 둥글게 썬다. 만가닥버섯은 밑동을 잘라 1cm 길이로 썰고, 유부도 1cm 크기로 썬다.

2 냄비에 다시마국물과 맛술을 넣고 ①의 재료를 넣어 중불에서 끓인다. 국물이 끓으면 불을 약하게 줄여서 채소가 부드러워질 때까지 15~20분 정도 더 끓인다.

3 두유를 넣고 보글보글 거릴 때까지 끓이다가 된장을 풀어 넣고 불을 끈다.

4 그릇에 담고 송송 썬 실파와 시치미를 뿌린다.

일본의 전통적인 된장국

양파 돈지루

미리 만들어
보관해도
좋아요.

1인분 209 kcal 염분 2.0g

일본의 소울 푸드로 알려진 돈지루는 돼지고기와 채소를 넣어 끓이는 된장국입니다. 당근, 무, 우엉 등을 넣기도 하는데 여기서는 양파를 넉넉히 넣었어요.

재료(2인분)

잘게 썬 돼지고기 120g
마늘 1½쪽
양파 3/4개
참기름 1/2큰술

다시마국물 400mL
맛술 1/2큰술
일본된장 1½큰술

송송 썬 실파·후춧가루 조금씩

만드는 법

1 양파는 5mm 폭으로 채 썬다. 마늘 1쪽은 반으로 자르고, 1/2쪽은 곱게 다진다.

2 냄비에 참기름을 두르고 양파를 넣어 중약불에서 볶는다.

3 양파가 숨이 죽으면 마늘, 맛술, 다시마국물을 넣고 된장의 반을 풀어서 넣은 후 15분 정도 끓인다.

4 돼지고기를 넣고 한소끔 끓인 후 남은 된장을 풀어 넣고 조금 더 끓인다.

5 그릇에 담고 송송 썬 실파와 후춧가루를 뿌려준다.

고단백 저지방으로 면역력을 올려주는

닭고기 완자와 버섯두부 된장국

1인분 229 kcal 염분 2.1g

닭고기 완자와 부드러운 두부, 다양한 버섯을 넣어 끓인 국이에요. 만가닥버섯이나 표고버섯, 팽이버섯 등 좋아하는 버섯 2~3가지를 넣어서 만들어보세요.

재료(2인분)
다진 닭고기 150g
부침용 두부 1/2모
버섯(2~3종) 100g

다시마국물 400mL
일본된장 1⅓큰술
맛술 1큰술
소금 조금

만드는 법

1 닭고기는 다지고, 두부는 1/3은 다지고 3/4은 먹기 좋은 크기로 길쭉하게 썬다.

2 다진 닭고기와 다진 두부, 소금을 섞어 반죽한 후 6등분으로 나누어 동글게 빚는다.

3 버섯은 밑동을 잘라 적당한 크기로 썬다. 두부의 남은 분량은 4cm 폭의 직사각형으로 썬다.

4 냄비에 다시마국물과 맛술을 넣고 끓이다가 버섯과 두부를 넣고 끓인다.

5 닭고기 완자를 넣고 2~3분 더 끓인 후 된장을 풀어 넣고 불을 끈다.

One Point Lesson

된장을 풀어 넣은 뒤 불을 끄고 뚜껑을 덮어 5분 정도 두었다가 다시 데워서 먹으면 국물맛이 더 좋아져요

맛과 건강을 동시에

돼지 샤부샤부 된장국

된장 푼 육수에 토마토와 잎새버섯, 얇게 썬 돼지고기를 넣고 끓였어요. 돼지고기로 샤부샤부를 할 때는 신선도가 좋은 것을 선택해야 합니다.

재료(2인분)	돼지고기 등심(얇게 썬 것) 4장	다시마국물 400mL
	토마토 1/2개	맛술 1큰술
	잎새버섯 100g	다진 마늘 1/3작은술
		다진 생강 1작은술
		일본된장 1½큰술
		다진 생강·브로콜리 새싹 조금씩

만드는 법

1 토마토는 사방 2cm 크기로 썬다. 잎새버섯은 큼직하게 찢어놓고, 브로콜리 새싹은 뿌리 끝을 다듬는다.

2 냄비에 다시마국물과 맛술, 다진 마늘, 다진 생강을 넣고 중불에서 끓인다. 국물이 끓으면 토마토와 잎새버섯을 넣고 불을 약하게 줄여서 2~3분 더 끓이고 된장을 풀어 넣는다.

3 끓는 국물에 얇게 썬 돼지고기를 한 장씩 넣어 익힌다.

4 그릇에 담고 다진 생강, 브로콜리 새싹을 곁들인다.

당근의 달콤하고 부드러운 맛을 살린

당근 포타주

1인분   163 kcal   염분 2.2g

밀가루 대신 밥을 갈아 넣고 끓여서 걸쭉한 맛이 나는 수프입니다. 당근을 넉넉히
갈아 넣어 고운 빛이 나요.

재료(4인분)

당근 2개
양파 1/4개
생강 1/2쪽
소금 1작은술
올리브오일 2큰술

밥 60g
다시마국물 500~600mL
일본된장 1/2큰술
버터 20g

이탈리안 파슬리·후춧가루 조금씩

만드는 법

1 당근은 얇게 썰고 양파, 생강은 다진다.

2 냄비에 올리브오일을 두른 후 당근, 양파, 생강을 넣고 소금 간을
   해서 중불에 볶는다. 살짝 볶아지면 뚜껑을 덮어 10분 정도 찐다.

3 ②에 밥과 다시마국물의 절반을 넣고 뚜껑을 덮어 약한 불로
   10분 정도 더 끓인 후 믹서에 곱게 간다.

4 ③을 다시 냄비에 넣고 일본된장, 버터, 나머지 다시마국물을
   부어 섞으면서 따뜻하게 데운다. 다 되면 그릇에 담고 파슬리와
   후춧가루를 뿌린다.

One Point Lesson
믹서 대신 핸드블렌더를 사용해서 냄비에 넣고 갈면
더 간편해요.

줄기도 사용하여 단맛 UP

브로콜리 포타주

냉동보관

1인분 · **152** kcal · 염분 **1.3**g

곱게 간 브로콜리를 넣고 걸쭉하게 끓인 수프입니다. 간편하게 끓여서 아침 식사 대용으로 준비하면 좋아요.

재료(4인분)

브로콜리 1개
양파 1개
소금 1/4작은술
올리브오일 2큰술

밥 60g
치킨스톡(과립) 2작은술
물 300~350mL
우유 200~250mL

후춧가루 조금

만드는 법

1 브로콜리는 작은 송이로 나눈다. 줄기도 버리지 말고 껍질을 두껍게 벗겨 사방 1cm 크기로 썬 뒤 모두 큼직하게 다진다. 양파도 다져서 준비한다.

2 냄비에 올리브오일을 두르고 다진 브로콜리와 양파, 소금을 넣어 중약불에서 5분 정도 볶는다.

3 ②에 밥과 치킨스톡, 물을 넣고 뚜껑을 덮어 약한 불에서 10분 정도 더 끓인다.

4 ③을 믹서에 넣고 곱게 갈아 다시 냄비에 넣고 우유를 부은 뒤 저어가면서 약한 불에서 따뜻하게 데운다. 다 되면 그릇에 담고 후춧가루를 뿌린다.

One Point Lesson

포타주는 걸쭉해서 눌어붙기 쉬우므로 두꺼운 냄비를 사용하는 것이 좋아요. 포타주는 밀폐용기에 담아 냉동보관 후 필요할 때마다 먹을 수 있어요.

쪄서 갈아 재료의 감칠맛이 우러난

양배추 포타주

냉동보관

1인분   **84** kcal   염분 **1.5**g

재료(4인분)
양배추 1/6개(200g)
팽이버섯 50g
다진 마늘 1쪽분
올리브오일 1큰술
소금 1/4작은술

밥 70g
다시마국물 600~700mL
치킨스톡(과립) 2작은술
후춧가루 조금

만드는 법

1 양배추는 채 썬다. 팽이버섯은 밑동을 잘라내고 다진다.

2 냄비에 올리브오일을 두르고 다진 마늘을 볶다가 채 썬 양배추
와 다진 팽이버섯, 소금을 넣고 약한 불에서 3~5분 찐다.

3 밥과 치킨스톡, 다시마국물 절반을 넣고 약한 불에서 10분 정도
끓인 후 믹서에 곱게 간다.

4 다시 냄비에 넣고 나머지 다시마국물을 부어 약한 불에서 데운
후 그릇에 담고 후춧가루를 뿌린다.

여름철에 차게 먹어도 맛있는

토마토 포타주

냉동보관

1인분
90 kcal
염분 1.6g

재료(4인분) 토마토 통조림 1캔(400g)   밥 60g
             당근 1/4개   다시마국물 250~300mL
             양송이버섯 10개   맛술 1큰술
             올리브오일 1큰술
             소금 1작은술   깻잎 또는 상추 조금

만드는 법 *1* 당근, 양송이버섯은 얇게 썬다.

          2 냄비에 올리브오일을 두른 후 당근, 양송이버섯을 넣고 소금간
              을 해서 중불에서 볶는다.

          3 ②에 토마토 통조림, 밥, 맛술을 넣고 뚜껑을 덮어 약한 불에서
              10분 정도 더 끓인 후 믹서에 곱게 간다.

          4 다시 냄비에 넣고 다시마국물을 부은 후 저어가면서 약한 불에서 따
              뜻하게 데운다. 다 되면 그릇에 담고 깻잎을 채 썰어 위에 얹는다.

카레가루로 맛을 낸

양파 콩 포타주

냉동보관

1인분 · 181 kcal · 염분 0.8g

재료(4인분)	
다진 양파 1/2개분	삶은 콩(대두) 150g
다진 팽이버섯 100g	밥 60g
다진 마늘 1/2쪽분	물 450~550mL
올리브오일 2큰술	일본된장 1큰술
카레가루 1큰술	

만드는 법

1. 다진 양파와 다진 팽이버섯, 다진 마늘을 냄비에 넣고 올리브오일로 볶는다.

2. 카레가루를 넣고 잘 섞으면서 5분 정도 더 볶다가 삶은 콩과 밥, 물 절반을 넣고 뚜껑을 덮어 10분 정도 끓인다.

3. ②를 믹서에 넣고 곱게 간 뒤 다시 냄비에 넣고 나머지 물과 된장을 넣어 약한 불에서 따뜻하게 데운다.

버섯의 감칠맛이 가득

양송이 포타주

1인분　105 kcal　염분 1.6 g

냉동보관

재료(4인분)	양송이버섯 10~20개(200g)	크림치즈 50g
	양파 1/2개	밥 70g
	소금 1작은술	물 450~550mL
	올리브오일 1큰술	소금·후춧가루 조금씩

만드는 법

1　냄비에 올리브오일을 두르고 얇게 썬 양송이버섯과 다진 양파, 소금을 넣고 중불에서 볶는다.

2　①에 크림치즈와 밥을 넣고 물 2/3를 부어 뚜껑을 덮은 채로 10분 정도 끓인다.

3　②를 믹서에 곱게 간 뒤 다시 냄비에 넣고 나머지 1/3의 물을 부어 약한 불에서 데우고 소금, 후춧가루로 간을 맞춘다. 양송이가 있으면 얇게 썰어서 장식한다.

짭짤하고 고소한 감칠맛

미역 크림 포타주

냉동보관

1인분　115 kcal　염분 1.9g

재료(4인분)　마른미역 15g　밥 60g
　　　　　　양송이버섯 6개　치킨스톡(과립) 2작은술
　　　　　　양파 1/2개　물 500~550mL
　　　　　　올리브오일 2작은술　우유 250~300mL
　　　　　　　　　　　　　버터 10g
　　　　　　　　　　　　　소금 조금

만드는 법　1　미역을 물에 충분히 불려 큼직하게 썬다. 양송이버섯은 얇게 썰고 양파는 다진다.

　　　　　　2　냄비에 올리브오일을 두르고 미역, 양송이, 양파를 볶다가 밥, 치킨스톡을 넣고 물을 부어 뚜껑을 덮은 채 10분 정도 끓인다.

　　　　　　3　②를 믹서에 곱게 간 뒤 다시 냄비에 넣고 우유, 버터, 소금을 넣은 뒤 약한 불에서 데운 다. 다 되면 그릇에 담고 생크림을 조금 뿌려서 장식한다.

마늘과 참깨의 풍미가 살아있는

콩과 마늘 참깨 포타주

1인분 · 230 kcal · 염분 1.8 g · 냉동보관

재료(4인분)

삶은 콩(대두) 150g
마늘(으깬 것) 3쪽분
올리브오일 2큰술

밥 70g
치킨스톡(과립) 2작은술
물 500~600mL
된장·치즈가루 1큰술씩
참깨소스 2큰술
후춧가루 조금

만드는 법

1 냄비에 올리브오일을 두르고 삶은 콩과 으깬 마늘을 넣어 볶는다.

2 ①에 밥과 치킨스톡을 넣고 물의 절반을 넣어 뚜껑을 덮은 채 10분 정도 더 끓여 믹서에 곱게 간다.

3 다시 냄비에 넣고 된장, 치즈가루, 참깨소스를 넣은 후 나머지 물을 부어 저어가면서 약한 불에서 따뜻하게 데운다. 다 되면 그릇에 담고 후춧가루를 뿌린다.

몸이 따뜻해지는 대만식 아침밥

두유 수프

96 kcal 염분 1.7g

몸이 따뜻해지는 대만식 아침식사입니다. 따끈하게 데운 두유에 토마토를 넣고 끓여 고소하면서 건강한 맛을 느낄 수 있어요.

재료(1인분)
두유 160mL
토마토 20g(약 1/8개)
건새우·식초·치킨스톡(과립) 1작은술씩
실파·고추기름 조금씩

만드는 법

1 토마토를 사방 1cm 크기로 썬다.

2 냄비에 두유를 붓고 끓기 직전까지 따뜻하게 데운다.

3 그릇에 썬 토마토와 두유를 넣고, 건새우·식초·치킨스톡으로 간을 해서 잘 섞는다.

4 마지막으로 실파를 송송 썰어 뿌리고 고추기름을 고루 끼얹는다.

One Point Lesson
데운 두유에 식초를 넣으면 몽글몽글해져 순두부 같은 식감이 됩니다.

피로 해소 효과가 좋은

토마토 미역 우메보시 맑은국

1인분   15 kcal   염분 2.1g

재료(1인분)   토마토 20g(약 1/8개)
마른미역 1g
우메보시 1/2개 (약 10g)
가다랑어포 2g

만드는 법   *1* 토마토는 사방 1cm 크기로 썬다. 미역은 물에 불린다. 우메보시는 씨를 빼고 납작하게 펴준다.

2 그릇에 준비한 재료와 가다랑어포를 넣고, 뜨거운 물 160mL를 부은 뒤 잘 섞어 준다.

붓기만 하면 되는 아주 쉬운 된장국

두부와 미역 된장국

1인분 | 45 kcal | 염분 1.7g

재료(1인분)	부침용 두부 20g
	마른미역 1g
	일본된장 2작은술
	가다랑어포 2g
	다진 생강 조금

만드는 법	1 두부는 사방 7~8mm 크기로 썰고, 미역은 물에 불린다.
	2 그릇에 모든 재료를 담고, 뜨거운 물 160mL를 부은 뒤 잘 섞어 준다.

식초가 양배추 특유의 맛을 잡아주는

양배추와 유부 된장국

1인분 · 51 kcal · 염분 1.5g

재료(1인분)	유부 5g(약 1/6장)
	양배추 10g
	생강(갈아 놓은 것) 조금
	가다랑어포 2g
	일본된장 2작은술
	식초 2~3방울

만드는 법

1 양배추는 채 썬다. 유부는 반으로 자른 뒤 채 썬다.

2 그릇에 모든 재료를 담고, 뜨거운 물 160mL를 붓고 잘 섞어
  준다.

구운 김의 풍미가 매력

유부와 새싹 된장국

1인분 · 48 kcal · 염분 1.5g

재료(1인분)	유부 5g(약 1/6장)
	브로콜리 새싹 5g
	구운 김 1/4장
	가다랑어포 1g
	일본된장 2작은술

만드는 법

1   유부는 가늘게 채 썬다. 브로콜리 새싹은 뿌리 부분을 잘라낸다. 구운 김은 손으로 찢는다.

2   그릇에 모든 재료를 담고, 뜨거운 물 160mL를 부은 뒤 잘 섞어 준다.

장수 수프 이렇게 만들어요

보관은 이렇게 하세요

- 걸쭉한 포타주를 제외한 수프와 된장국의 레시피는 2인분이지만 '미리 만들어 보관해도 좋아요' 아이콘이 있는 레시피를 만들 때는 보관 기간을 생각하면서 2~3배 분량으로 만드세요. 미리 만들어 보관할 때는 완전히 익도록 조리해야 합니다.

- 만든 수프를 냉장 보관할 때는 반드시 열을 식힌 후에 냉장고에 넣어 주세요. 보관 용기는 깨끗하게 씻어서 물기를 제거한 뒤 사용합니다.

- '냉동 보관' 아이콘이 있는 포타주의 경우, 완전히 식힌 후 밀폐 용기나 냉동용 지퍼백에 담아 밀폐해서 냉동실에 넣도록 하세요. 냉동 보관할 경우라도 너무 오래 두지 않는 것이 좋습니다.

간은 이렇게 맞추세요

- 여기에 나온 레시피의 주된 간은 염도가 낮은 일본 된장으로 맞추었어요. 된장은 제조사에 따라 염분량이 다르니 레시피 분량을 기준으로 맛을 보면서 조절하는 게 좋습니다. 치킨스톡이나 쯔유, 소금도 마찬가지입니다.

- 과립으로 된 치킨스톡은 소금 간이 되어 있는 것을 사용했어요. 소금 간이 되지 않는 치킨스톡이라면 치킨스톡 1작은술에 소금 2g을 기준으로 추가해 주세요.

- 간장 대신 시로다시를 사용했어요. 시로다시가 없다면 쯔유 또는 간장을 사용해도 됩니다. 간장은 시로다시보다 간이 세니 맛을 봐가면서 넣도록 하세요.

생선 통조림은 이런 장점이 있어요

- 이 책의 레시피는 대부분 생선 통조림을 사용했습니다. 생선 통조림은 경제적이고, 보관하기 쉬우며, 손질할 필요가 없어 편리합니다. 영양 면에서도 생물 생선과 차이가 거의 없으니 요리에 자주 활용해 보세요. 다만 보존을 위해 소금이 추가된 경우가 많아 저염 제품을 선택하는 것이 좋습니다.

- 단백질이 풍부하게 유지돼요

  통조림으로 주로 가공되는 생선은 고등어나 정어리, 연어 같은 등 푸른 생선입니다. 이들 등 푸른 생선에는 질 좋은 단백질이 풍부합니다. 생선의 단백질은 통조림으로 가공해도 함량이 잘 유지됩니다.

- 오메가3 지방산이 풍부해요

  고등어, 정어리, 연어에는 DHA, EPA 같은 오메가3 지방산 함량이 풍부하게 들어있어요. 오메가3는 항염 작용 외에 혈압과 콜레스테롤 수치를 낮춰주고 심혈관질환을 예방하는 효능이 뛰어납니다.

- 칼슘을 효과적으로 섭취할 수 있어요

  생선 통조림은 생선에 풍부한 비타민 D와 B12와 칼슘, 인, 셀레늄 등의 미네랄을 영양 손실 없이 그대로 섭취할 수 있는 훌륭한 식품입니다. 특히 뼈째로 먹는 정어리, 꽁치 통조림은 칼슘 섭취에 매우 효과적입니다.

항목	통조림 생선	생물 생선
보존 기간	수개월~수년 보존	며칠 내 소비해야 함
밑손질	바로 섭취 가능	손질 필요
가격	상대적으로 저렴	계절·종류에 따라 다름
영양소	단백질, 오메가3, 미네랄 등 영양소 유지 수용성 비타민 일부 손실	신선한 상태에서 유지 신선도 떨어지면 영양 손실, 산패
식감	부드러움 (가열 처리로 인한 변화)	탱탱하고 자연스러운 식감

수프의 맛을 좋게 하려면

장수 수프를 만들 때, 처음에는 책에 나오는 레시피대로 만들어 보고, 익숙해지면 자신의 취향에 맞춰서 조미료를 바꾸거나 추가해서 만들어 보세요.
감칠맛이 더 필요하다면 갈은 깨를 더하거나 풍미를 더 느끼고 싶다면 김을 찢어 넣어 보세요. 이렇게 하면 색다른 수프를 즐길 수 있을 거예요.
집 냉장고나 선반에 갖춰 두면 편리한 건어물, 조미료, 향신료 등을 소개합니다.

맛을 돋우는 건어물

김 조금만 넣어도 바다 향이 입안 가득 느껴져요. 가능하면 조미되지 않은 김을 사용하고, 조미된 김을 넣을 때는 기본 간을 약하게 해야 합니다.

참깨 통깨보다는 깨소금이 향이 더 살아있어요. 볶은 통깨를 엄지와 검지로 으깨서 넣으면 고소한 풍미가 훨씬 더 많이 납니다.

가다랑어포 넣자마자 가다랑어의 풍미가 퍼지며 감칠맛을 냅니다. 향이 쉽게 날아가기 때문에 한 번에 넣을 분량씩 개별 포장된 것을 추천합니다.

건새우 건새우를 주방에 갖춰 두면 한 끗 차이로 맛이 부족할 때 바로 보충할 수 있어 편리합니다. 꽃새우나 보리새우 같은 작은 새우 종류면 됩니다.

맛을 돋우는 양념

파르메산 치즈 마지막에 치즈가루를 뿌리면 맛이 한층 업그레이드됩니다. 토마토 수프에 잘 어울리지만 된장국에 넣어도 아주 맛있어요.

유자후추 유자의 풍미와 고추의 매운맛 조화가 최고인 후추입니다. 냉장고에 한 병 보관해두면 요리를 업그레이드할 수 있어요.

다진 마늘 마늘은 항암작용이 가장 높은 식품입니다. 가능하면 모든 요리에 조금씩 넣어보는 것을 추천합니다.

다진 생강 이 책의 많은 레시피에 등장하는 식재료입니다. 마지막에 다진 생강을 넣으면 맛이 깔끔해져요.

후춧가루 후추 같은 향신료는 밋밋한 맛을 보완해 줍니다. 갈아 놓은 후춧가루보다 그라인더로 즉석에서 갈아 쓰는 것이 향이 더 좋아요.

시치미 일곱 가지 재료를 혼합한 일본의 향신료입니다. 기본적인 매운맛에 똑 쏘는 산초의 맛과 고소한 맛, 상큼한 맛 등이 가미되어 있어요.

홀그레인 머스터드 짭짤하면서 새콤한 감칠맛이 입맛을 돋웁니다. 샤부샤부의 고기나 채소를 찍어 먹어도 좋고, 간을 보충할 수도 있어요.

맛을 돋우는 조미료

발사믹 식초 깊은 맛이 나는 식초입니다. 식초 대신 발사믹 식초를 사용하면 색다른 맛을 느낄 수 있어요.

토마토케첩 토마토의 감칠맛을 간편하게 낼 수 있는 것이 토마토케첩의 장점입니다. 된장국에도 잘 어울려요.

고추기름 고춧가루를 기름에 볶아서 만든 고추기름은 칼칼하면서도 깊은 맛이 내죠. 마지막에 한두 방울 떨어뜨리면 맛이 한결 살아납니다.

참기름 어떤 음식이든 참기름을 조금 넣으면 풍미가 달라져요. 수프의 맛내기가 어려울 때 참기름을 이용해 보세요.

남플라 태국 요리에 사용되는 피시 소스로 조금만 넣어도 동남아 요리의 맛을 낼 수 있어요. 마늘과 맛이 잘 어울립니다.

간단하고 맛있지만 암도 예방할 수 있는
장수 수프를 소개합니다

"암에 걸리지 않으려면 무엇을 먹으면 좋을까요?"

"암 환자에게 권할만한 식재료가 있나요?"

유감스럽게도 많은 의사들은 이러한 질문에 명확히 대답해 주지 않습니다. 의사는 환자를 치료하거나 자신의 전문 분야를 연구하기 바빠서 암과 음식의 관계에 대해 공부할 여유가 없습니다.

혹은 음식이 암을 치료할 수 없다고 생각하는 의사도 많습니다. 이런 경우 대답을 하지 않거나 '그런 일에 신경 쓸 필요 없다'는 식으로 잔소리처럼 말하기도 합니다.

그와 반대로 '이것을 먹으면 암이 사라진다'고 수상한 정보를 흘리는 의사가 있는 것도 사실입니다. 그러나 지금은 2명 중 1명이 걸리는 시대, 많은 사람들이 암에 대해 궁금해합니다.

저도 진료할 때 "무엇을 먹으면 좋을까요?"라는 질문을 받을 경우가 있습니다. 그럴 때 "모르겠어요"라거나 "음식에 특별히 신경 쓸 필요는 없습니다"라고 대답하는 것은 의사로서 무책임하다고 생각합니다.

저는 환자에게 질문을 받았을 때나 제 블로그와 유튜브에서 식사에 대한 정보를 제공하기 위해 6~7년 전부터 암과 식사의 관계를 적극적으로 조사해 왔습니다. 그 과정에서 예전에는 거의 없었던 식사에 대한 과학적인 데이터가 최근 들어 급증하고 있다는 것을 알게 되었습니다.

예전에는 식사에 대한 연구에 투자하는 기업은 많지 않았습니다. 그러나 미국과 유럽을 중심으로 식사와 관련이 있다고 생각되는 대장암이 증가하면서 식사에 대한 연구에도 연구비를 지원하게 된 것입니다. 그런 상황이라면 도움이 되는 정보를 발신할 수 있다고 생각해 지금까지 식사와 암에 대한 동영상을 100편 이상 유튜브에 올렸습니다.

이 책은 그러한 동영상을 바탕으로 만들어진 책입니다. 편집자의 조언을 받아 권할만한 식재료를 사용한 레시피를 요리사에게 부탁해 담았습니다. 저도 몇 가지 요리를 만들어 봤는데 간단하고 맛있어서 간단하고 맛있어서 지속 가능하다고 생각했습니다.

이 책이 당신의 건강한 식생활의 유용한 도움이 됐으면 좋겠습니다.

사토 노리히로 (佐藤典宏)

하루 한 그릇 면역 습관

암도 이기는 장수 수프

지은이 | 사토 노리히로
옮긴이 | 호리에 마사코

편집 | 김소연 이희진
디자인 | 한송이
마케팅 | 황기철 김수주 임민지
경영관리 | 김은진

인쇄 | 금강인쇄

초판 인쇄 | 2025년 4월 7일
초판 발행 | 2025년 4월 15일

펴낸이 | 이진희
펴낸곳 | (주)리스컴

주소 | 서울시 강남구 테헤란로87길 22, 7층(삼성동, 한국도심공항)
전화번호 | 대표번호 02-540-5192
　　　　　　편집부 02-544-5194
FAX | 0504-479-4222
등록번호 | 제2-3348

ISBN 979-11-5616-289-6 13590
책값은 뒤표지에 있습니다.